Berliner Pflanzen –
das wilde Grün der Großstadt

Heiderose Häsler
Iduna Wünschmann

wissenschaftliche Beratung

Prof. em. Dr. Dr. h.c. Herbert Sukopp

Justus Meißner
Stiftung Naturschutz Berlin

Inhalt

❶ Was vom Sumpfland übrig blieb — 9
Schwarz-Erle · Kleine Wasserlinse · Blutweiderich ·
Sumpfdotterblume · Sumpf-Schwertlinie

❷ Mauerblümchen — 15
Zimbelkraut · Braunstieliger Streifenfarn · Mauerraute

❸ Vergessene Helfer — 21
Königskerze · Osterluzei · Schöllkraut · Efeu

❹ Ein Chinese erobert die City — 29
Götterbaum · Robinie · Drüsiges Springkraut

❺ Blinde Passagiere — 35
Schmalblättriges Greiskraut · Spitzklettenblättriges Schlagkraut ·
Wanzensame · Salzkraut

❻ Als Berliner registriert — 41
Kompass-Lattich · Pennsylvanisches Glaskraut

❼ Kulinarisches vom Fußweg — 45
Franzosenkraut · Portulak · Giersch

❽ Pflanzen gegen den Hunger — 49
Loesels und Ungarische Rauke · Nachtkerze ·
Brennnessel · Topinambur

❾ Von der Brache zur Adresse — 55
Klebriger Gänsefuß · Natternkopf · Wilde Möhre · Steinklee ·
Rainfarn · Kanadische Goldrute · Land-Reitgras · Waldrebe

❿ Die Halbwilden — 63
Wilder Hopfen · Wilder Wein

⓫ Mittelmeer-Flair — 67
Rucola · Kleines Liebesgras · Sommerflieder · Gottesanbeterin

12 *Rettung im Eimer* — 71
Gottes-Gnadenkraut · Guter Heinrich · Dorniger Schildfarn

13 *Schatzkammern Sanddüne und Niedermoor* — 77
Schwärzliche Wiesen-Küchenschelle · Graue Skabiose · Grasnelke · Knabenkraut · Weißes Fingerkraut

14 *Wildes Pflanzen* — 83
Golddistel · Liegender Ehrenpreis · Rauer Löwenzahn · Ohrlöffel-Leimkraut

15 *Entlang der Gleise* — 89
Echtes Johanniskraut · Ruprechtskraut · Kleiner Orant · Seifenkraut

16 *Lebenskunst zwischen Steinen* — 95
Breit- und Spitz-Wegerich · Löwenzahn

17 *Berliner Mauer mal grün* — 101
Steppen-Salbei · Hunds-Rose · Wilde Malve · Mauerpfeffer · Parlament der Bäume

18 *Das Kanzleramt im Rausch* — 109
Hanf · Stechapfel · Bittersüßer Nachtschatten

19 *Erstaunliche Vielfalt* — 115
Acker-Filzkraut · Sand-Strohblume

20 *Rasen betreten erlaubt* — 119
Weiß-Klee · Gänseblümchen

21 *Am Straßen- und Wegesrand* — 123
Wegwarte · Huflattich · Mäusegerste · Leinkraut · Beifuß · Fuchsschwanz

22 *Die Unerwünschten* — 129
Ambrosien · Laubholz-Mistel

Pflanzenregister — 134

Berlin Stadtgebiet: Die markierten Flächen sind die Haupt-Schauplätze des Buches. Hier wachsen fast alle der beschriebenen Pflanzen.

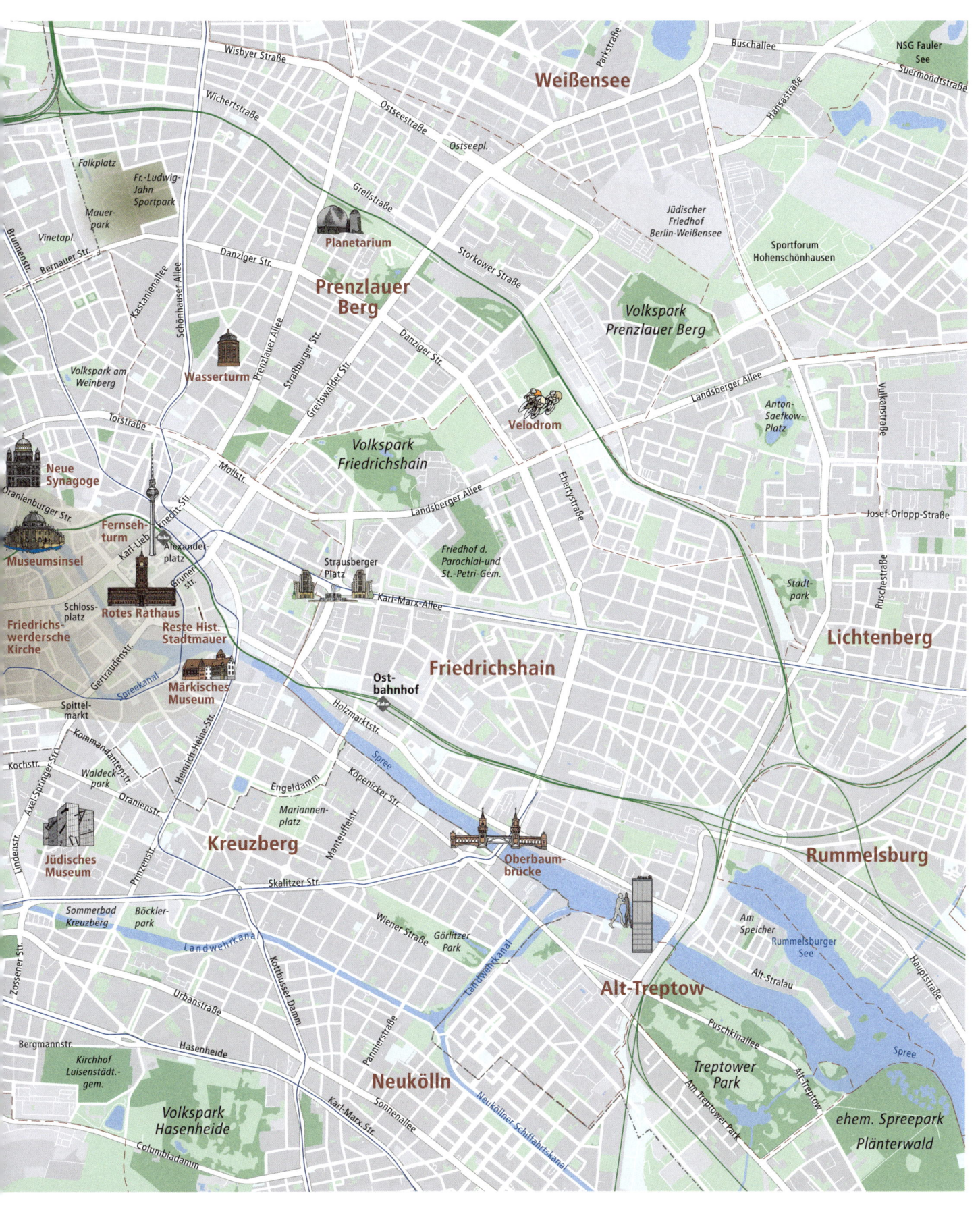

Vorwort

Berliner Pflanzen –
das wilde Grün der Großstadt

Zwei Auflagen sind vergriffen – machen wir doch eine neue, aktuelle, genau 10 Jahre nach dem ersten Buch. Wir ahnten nicht, wie viel Arbeit da auf uns zukommt. Obwohl ja die Pflanzen und deren spannende Geschichten dieselben bleiben sollten.

Berlin, wie haste dir verändert. Auf der einst artenreichen Wertheim-Brache steht der Einkaufstempel Mall of Berlin, auf dem sandigen Pionierpflanzen-Hügel am Kapelle-Ufer ein Bundesministerium. Über die grün ummantelten Pflastersteine vor der Reichstag-Treppe kommt man nicht mehr rein ins Parlament, abgesperrt wegen der Sicherheit. Die Götterbäume vorm Fernsehturm ersetzt durch Japanische Schnurbäume, die Sumpfdotterblumen im Tiergarten vom Schilf verdrängt. Und der giftige Stechapfel neben dem Kanzleramt? Gibt es sie überhaupt noch in der City, unsere damaligen Buchhelden? Zum Glück haben wir fast alle wiedergefunden, manche nur mit Hilfe von Experten, wie das Salzkraut und den Wanzensame.

Auch wenn immer mehr zugebaut wird – Pflanzen sind clevere Lebenskünstler und auf jeder neuen Brache und Baustelle ganz schnell wieder da. Immer wieder gibt es Chancen im quirligen, bauwütigen Berlin. Manchen Spezialisten aber muss beim Überleben geholfen werden, wie dem Gottes-Gnadenkraut und dem Guten Heinrich.

Selten gewordene Trockenrasen-Arten sind in die Stadt gezogen, wenn auch vorerst nur in Gärten und auf Balkone. Privat aufpäppeln und später wieder freilassen, so die Idee. Es hat sich was getan im Berliner Florenschutz – mitmachen kann jeder. Und sei es nur, Berlin ganz neu zu entdecken, mit dem Blick mal nach unten. Denn wer die Wilden erkennt und ihre spannenden Geschichten kennt, wird Achtung bekommen vor dem städtischen Pflanzenleben.

Es ist ein Buch ohne Garantie. Was am Reichpietschufer wächst, die Sand-Strohblume, kann im nächsten Jahr hier verschwunden sein. Oder die Straße ist umgebaut und der bunte Mittelstreifen mit Wegwarte und Wilder Möhre weg. Oder oder oder. Ziemlich garantiert aber tauchen sie woanders auf. So kann, wer will, mitten in der deutschen Hauptstadt zu einem Pflanzendetektiv werden.

Heiderose Häsler

Gewöhnliche Ochsenzunge und Graukresse am Straßenrand, zwischen Platz der Republik und Bundeskanzleramt

1 *Schwarz-Erle · Kleine Wasserlinse · Blutweiderich · Sumpfdotterblume · Sumpf-Schwertlinie*

Was vom Sumpfland übrig blieb

■ Weit bis in das nächste Jahr hängen die Zapfen der Schwarz-Erle an den Zweigen.

Wer weiß schon, dass Berlin eigentlich Sumpfort bedeutet? Vor 1.000 Jahren kam man hier nicht trockenen Fußes durch. Ein bisschen lässt sich am Tiergartenrand davon noch erahnen, kühl wie es ist, dämmrig und geheimnisvoll. Das Wasser des Tümpels versteckt sich unter einem grünen Teppich, der fast berührt wird von tief herabhängenden Zweigen. Wäre da neben dem Blättersäuseln und Vogelstimmengewirr nicht ein ständiges Rauschen, ein gedämpftes Klingeln und Hupen, man wähnte sich in einer längst vergangenen Zeit.

Vom Großen Stern mit der Siegessäule sind es nur wenige Meter den Spreeweg entlang. Vorbei an der Bushaltestelle, lädt eine weit ausladende alte Buche zum Eintauchen in das Tiergartendunkel. Auf der schattigen Bank unter ihr kann man sich dem Gefühl hingeben, der Großstadt entflohen zu sein. Ein Tümpel, umgeben von **Schwarz-Erlen** – so war es hier wohl, bevor die Stadt entstand: sumpfiges Land mit ausgedehnten Erlenbruchwäldern. Zwar blitzt heute eine bunte Autoschlange durch das Grün der Blätter, doch es riecht modrig statt nach Abgasen. Die Nase also macht die Zeitreise mit.

Beim Umrunden des Tümpels lässt sich beobachten, dass die Wurzeln der Schwarz-Erlen tief in das Wasser hineinreichen, für uns unsichtbar werden. Oberirdisch aber ist die geheimnisvolle Sumpflandspezialistin zu jeder Jahreszeit gut auszumachen. Im Sommer hat sie ihre Blütenkätzchen angelegt und trägt sie offen durch Herbst und Winter. Noch bevor die ersten Blätter da sind, in milden Wintern schon ab Januar, fliegen ihre Pollen durch die Luft, die ersten Heuschnupfenauslöser im Jahr. Für den Baum beginnt jetzt die Befruchtungsorgie. Die männlichen violetten Kätzchen hängen am Ende der Zweige lang herunter. Gleich über ihnen verstecken sich die

■ Aus dem „Holzschuhbaum" werden heute feine Möbel gemacht, aber auch Pfahlbauten, weil das Holz dem Wasser so gut widersteht. Halb Venedig steht auf Erlenpfählen und halb Berlin-Mitte auch.

Was vom Sumpfland übrig blieb

Berühmt wurde der Baum durch Goethes Erlkönig. Zugrunde liegt ihm eine dänische Ballade vom Ellerkonge, dem König der Elfen. Beim Übersetzen machte Johann Gottfried Herder 1777 daraus den König der Erlen. Goethe übernahm angeblich den Übersetzungsfehler.

■ Bei den männlichen Kätzchen ist die Verwandtschaft gut erkennbar: Die Erle gehört zur Familie der Birkengewächse.

■ Die Wasserwurzeln der Wasserlinse

unscheinbaren weiblichen Blütenstände, die Bestäubung übernimmt der Wind. Das Ergebnis sind grüne Mini-Zapfen, die sich ab Oktober dann verfärben, bis sie irgendwann schwarz werden.

Fast steht das Wasser hier, ein Extremstandort, mit dem nur *Alnus glutinosa* klarkommt. Ihr Wurzelsystem ist gegen Sauerstoffmangel, den Erstickungstod also, bestens gerüstet: mit einem Hohlraumsystem und kleinen Öffnungen in der Rinde, sogenannten Korkporen. Durch sie gelangt die „Luft zum Atmen" in das Durchlüftungsgewebe. Strahlt dann noch die Sonne auf die schwarzbraune Rinde und erwärmt das Innere des Stamms, wirkt das wie eine Sauerstoffpumpe. Mikroorganismen in den Wurzelknöllchen ziehen Stickstoff aus der Luft und verändern ihn so, dass er vom Wirtsbaum direkt aufgenommen werden kann.

Solche komplexen Lebensstrategien, heute genau erklärbar, schienen früher rätselhaft und flößten den Menschen Angst ein. Die unheimliche Erle war in der altnordischen Mythologie der Baum des Utgard, des unbewohnten Teils der Welt, über den Riesen und Dämonen herrschten. Sumpfwälder galten als unkultivierbar, weil Wasser und Land nicht „ordentlich" voneinander getrennt waren. Hier geisterten Irrlichter herum und alle möglichen Nebelgestalten – auch die Unheil bringenden Erlenfrauen, Hexen mit Haaren so orangerot wie das frisch geschlagene Erlenholz. Sie standen im Ruf, Wanderer vom Wege abzubringen und in den dunklen Sumpf zu ziehen. Ein bisschen kann man sich das Geheimnisvolle noch vorstellen, wenn die Sonne durch die Erlenblätter blitzt und den Tümpel in ein gelblich-grünes Licht taucht.

Der gibt auch einem interessanten Winzling, der **Kleinen Wasserlinse**, die Chance, im Herzen der Hauptstadt zu wohnen. Sie braucht solch stehendes Gewässer, sonst würde die Freischwimmerin hinweggespült. Denn ihre kurzen Wurzeln verankern sich nicht im Boden, sind nur dazu da, Nahrung aus dem Wasser zu ziehen. Bei Nährstoffüberschuss können sich die linsenförmigen Gebilde rasant vermehren, ihre Biomasse in nur zwei Tagen verdoppeln. Die Sprosse teilen sich, neue brechen seitlich hervor, bis die Wasserfläche wie mit einem zarten Teppich überzogen ist. Dann kann das Ökosystem sogar umkippen. Es sei denn, jemand tut sich an der Entengrütze gütlich. Wie der Zweitname sagt, haben vor allem Wasservögel eine Vorliebe für das nahrhafte, schwimmende Grün.

Mit einem Käscher abgeschöpft, kann *Lemna minor* aber auch für uns schmackhaft sein: als Zutat zum Salat oder roh als würzende Beigabe zu Suppen, mit Zwiebeln kurz in Öl gedünstet oder als „Wasserlinsenbeet" für einen Tomatensalat.

An feuchten Stellen im Tiergarten lässt auch der **Blutweiderich** ein wenig die Vor-Berlin-Zeit erahnen, wie am Neuen See oder an der Luiseninsel. Leuchtend purpurrot blüht er von Juni bis in den Spätsommer hinein. Eigentlich hat er ein einnehmendes Wesen, bis zu 50 Stängel können aus einem Wurzelstock herauswachsen. Doch eingezwängt zwischen dichtem Schilf und anderen Uferbewohnern, muss er sich ziemlich bescheiden. Zum Glück wächst er hoch hinaus und ist also nicht zu übersehen.

Der wissenschaftliche Name *Lythrum salicaria* erklärt sich ganz einfach: Das griechische *lythron* bedeutet geronnenes Blut, verweist auf die Blütenfarbe und die blutstillende Wirkung der Pflanze, *salicarius* heißt weidenartig und beschreibt die Form der Blätter. Im Wasser leben kann die Pflanze, weil die untergetauchten Sprosse ein Durchlüftungsgewebe entwickeln, das den Wurzelstock mit Sauerstoff versorgt.

Kaum zu glauben: Sogar mitten im Großstadttrubel hat der Blutweiderich einen ihm genehmen Platz gefunden. Behauptet sich zwischen dem Schilf im „Urbanen Gewässer am Potsdamer Platz", der Regenwasseraufbereitung für die modernen Architekturgebilde. Eine alte Sumpfbewohnerin zwischen Asphalt, Glas und Beton.

Im Tiergarten erinnert auch leuchtendes Gelb an die Pflanzenwelt vor 1.000 Jahren. Zeitig im Frühjahr öffnen am Teich im Englischen Garten **Sumpfdotterblumen** ihre runden Köpfchen. Einst dicht gedrängt in kleiner Kolonie, hat das Schilf sie ziemlich verdrängt und nur wenige sind übrig geblieben. Schade, denn glänzend im doppelten Wortsinn schauen sie aus. Es sind Carotinoide, fettlösliche Farbstoffe, die die Außenhaut, die Epidermis, lebhaft gelb färben. Die darunterliegende Schicht dient als Reflektor – so kommt der ungewöhnliche Fettglanz zustande.

■ „Kleine Trichterblumen" aus fünf bis sechs zarten knittrigen Kronblättern. Sie bilden den ährenartigen Gesamtblütenstand des Blutweiderichs.

Was vom Sumpfland übrig blieb

■ Früchte und Blüten der Sumpf-Schwertlilie im Urbanen Gewässer am Potsdamer Platz

■ Schilf hat die Sumpfdotterblumen hier in den letzten Jahren fast verdrängt.

■ Moderne Gebäude spiegeln sich im Unterwasser-Teppich aus uralten Pflanzen, den Armleuchteralgen.

Weil die Blüten so intensiv gelb sind, bekam das Vieh früher Sumpfdotterblumen zu fressen – für eine schöne gelbe Farbe der Butter. Obwohl, wie man heute weiß, *Caltha palustris* schwach giftig ist.

Wer sich vom Teehaus auch bei Regen an den schilfumwachsenen Teich hinunterwagt, kann sehen, dass die Blüten geöffnet bleiben, sich mit Wasser füllen. Staubbeutel und Narben stehen dann auf gleicher Höhe wie der Wasserspiegel und so können die Pollen zur Narbe schwimmen. Selbstbestäubung bei Regen – das ist auch im Pflanzenreich etwas Besonderes.

Vielleicht findet sich ein Kompromiss, und vom Schilf, das unter Naturschutz steht, wird am Rande etwas weggenommen, damit die hübschen kleinen Frühjahrsboten wieder zahlreich die Teehaus-Besucher erfreuen.

Im Mai und Juni locken die großen, gelben Blüten der **Sumpf-Schwertlilie** außer freudigen Menschenblicken auch fleißige Hummeln an. Nur sie, mit ihrem langen Rüssel, kommen an den Nektar heran, der tief in der Blütenröhre verborgen ist. Eine echte „Einkriechblume" eben.

Bis zu einem Meter hoch wird *Iris pseudacorus*. Am Teehaus-Teich im Englischen Garten und an der Luiseninsel hat der Schlammwurzler seine dicken, waagerecht kriechenden Rhizome im Uferboden verankert. Der Wurzelstock musste früher für vieles herhalten: zum Gerben und als Magenmittel, wurde selbst zu Schnupftabak.

Die schwertförmigen, langen, schmalen Blätter gaben ihr den deutschen Namen: Schwert-Lilie. Schön ist sie – und giftig. Doch nicht nur deshalb sollte man die Wasserbewohnerin bloß anschauen, nicht abbrechen. Sie steht in Deutschland unter Schutz wie alle Pflanzen der Schwertlilien-Gattung. Mancher hat eine Zuchtform an seinen Gartenteich gepflanzt. Die wilde Iris aber leuchtet für alle, selbst mitten im Großstadttrubel, hinterm Potsdamer Platz.

Völlig unbeachtet dagegen bleibt, was im kleinen Wasserbecken gegenüber wohnt. Da, wo am Reichpietschufer die Autoschlange in den Tunnel der B96 eintaucht, spiegelt ein Unterwasserrasen Gebäudeteile vom Potsdamer Platz. Es sind **Armleuchteralgen** – und Millionen von Jahren liegen zwischen der Entstehung der urtümlichen Organismengruppe und der modernen Architektur. Sieht man genau hin, ist die Anordnung der Quirläste zu erkennen – wie vielarmige Kerzenleuchter. Eine einleuchtende Erklärung für den Namen Armleuchteralge. Wer das nun weiß, schenkt der grünen Masse da unten vielleicht doch mal einen Blick. Sie verrät, dass das urbane Wasser sauber und nährstoffarm ist, sonst könnten *Charophyceae* hier nicht leben. ■

Es war einmal...

Vor rund 20.000 Jahren türmte sich über dem heutigen Berlin ein riesiger Gletscher auf und begrub alles Leben unter sich. Circa 200 Meter war er hoch, etwa bis zur Kugel des Fernsehturms. Aus Skandinavien kommend, hatte er Unmengen Steine, Geröll, Sand mitgebracht, die als „Berg" liegen blieben, wo er innehielt und schmolz. So entstanden die Moränenplatten des Teltow im Süden und des Barnim im Norden. Dazwischen liegt die von der Spree durchflossene Niederung des Urstromtals. Die jüngste, die Weichseleiszeit hat also die Berliner Landschaft geformt.

Sie endete vor rund 12.000 Jahren. Als es wärmer wurde, kehrten Pflanzen und Tiere zurück. An den Ufern bildeten sich Auwälder mit Eichen und Hainbuchen. Auf den meist sandigen Böden der Höhen wuchsen Kiefern, Eichen, Linden und Buchen. Wisent, Ur, Elch und Wildpferde lebten im Dickicht. Zunächst besiedelten Germanen das Gebiet. Nach ihrem Rückzug kamen im 6. Jahrhundert die Slawen, errichteten Burgen in Spandau und Köpenick. Nur ein paar hundert Jahre später versuchten christliche Herrscher, vom Westen aus das Gebiet zu erobern. 1157 siegte der Askanier Albrecht der Bär – die Mark Brandenburg war geboren. Menschen aus dem Altreich kamen ins dünn besiedelte Land, rodeten Wälder, legten Äcker an, bauten Dörfer und Städte.

Vermutlich waren Berlin und Cölln, gelegen an wichtigen Handelswegen, zunächst einfache Rastplätze beiderseits der Spree, aus denen kleine Kaufmannssiedlungen erwuchsen. Die Stelle war gut gewählt. Hier verengt sich das Urstromtal von 15 auf 4 Kilometer, bildet so fast eine natürliche Furt. Um 1300 wurden am heutigen Mühlendamm Tausende Eichen- und Kiefernstämme in den sumpfigen Boden gerammt, um mit einem Knüppeldamm Berlin und Cölln zu verbinden. Wann genau beide Städte gegründet wurden, ist nicht bekannt. Erstmals urkundlich erwähnt wurde Berlin 1244, Cölln schon 1237. Die ersten Bürger kamen u.a. vom Rhein und brachten von dort wahrscheinlich auch den Namen „Cölln" mit.

Obwohl Archäologen im alten Stadtgebiet bisher keine Spuren früherer Siedlungen der Slawen fanden, scheinen diese zumindest für den Namen „Berlin" verantwortlich zu sein. Er lässt sich auf die Wurzel „brl" = Sumpf zurückführen, was verbunden mit der Endung „in" trockener Platz mitten im Morast bedeutet. Mit einem Bären hat der Name also nichts zu tun, auch nicht mit Albrecht dem Bär, dem ersten Markgrafen von Brandenburg. Warum zwei Bären 1280 im Berliner Siegel auftauchten, ist noch unerforscht. ■

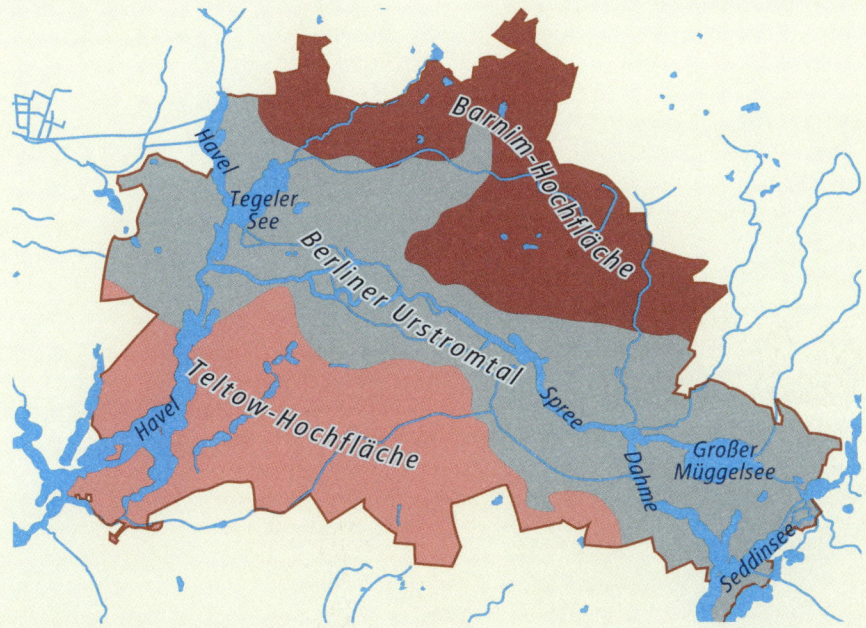

■ Berlins Lage im Urstromtal.

2 Zimbelkraut · Braunstieliger Streifenfarn · Mauerraute

Mauerblümchen

■ Der kleine Mauerfreund: das Zimbelkraut

Einen Hauch von Mittelalter hat dieses Stück Holperweg, nur fünf Minuten vom Alexanderplatz entfernt, noch immer. Vom Verkehrsrauschen der großen Straßen dringt nicht viel bis hierher, allenfalls Baustellenlärm stört. Nur Reste sind übrig von der ursprünglichen Stadtbefestigung. Immer mal wieder ausgebessert, ist sie ein Mauer-Patchwork geworden über die Zeit: Backsteine im Klosterformat, mehr als 700 Jahre alt, neben Ziegeln aus dem 18. und 20. Jahrhundert, Feldsteinen verschiedener Größe. Den Mauerbewohnern ist es egal, in welchen Ritzen sie ihre kleinen Wurzeln festmachen. Hauptsache, das Stückchen Nährboden ist kalkhaltig.

Der Blick tastet über die steinerne Geschichte, deshalb ist man schließlich hergekommen. Manchmal bleibt er hängen an Pflänzchen. Dürfen die überhaupt hier sein? Machen die nicht die wertvolle Mauer kaputt?

Neben der Gaststätte „Zur letzten Instanz" ist sie so niedrig, dass man oben draufschauen kann. Eine Schräge, auf der sich zahlreich das **Zimbelkraut** tummelt.

Zwischen den Blättern dicht an den Ziegeln schieben sich ab Juni hellviolette, zarte Schönheiten nach oben. Maskenblumen werden sie von Botanikern genannt, wegen der maskenhaften Geschlossenheit der Blüten.

Die halbmeterlangen Stängel, an denen die Blättchen und gespornten Blüten sitzen, klettern auf der Mauerschräge lang oder lassen sich einfach hängen.

Das Zimbelkraut ist ein ganz besonderer Spezialist der Fugen. Mit einem erstaunlichen Trick kann *Cymbalaria muralis* hier überleben: Ist die Blüte befruchtet, wächst ein langer Fruchtstiel mit einer kugeligen Samenkapsel. Biegt sich weg vom Licht in Richtung Mauerritze, dem einzig möglichen Keimbett an der kargen Mauer. Die Kapsel springt auf, um die Samen freizusetzen, doch das letzte Samenkorn bleibt fest mit der Kapsel verbunden und wird in die dunkle Spalte hineingeschoben.

■ Die gelben Blütenmale auf der Unterlippe wirken als Staubbeutelattrappen.

■ Weg vom Licht – die Samenkapseln suchen die Mauerspalte.

Mauerblümchen

Ansalbelied (gekürzt)
von Heinrich Seidel, 1904:

*Eine Salberband
Zieht durch alle Lande
Und verbubanzt die Natur.
Diese Rotte Korah,
Sie verfälsche die Flora
Und hat von Gewissen keine Spur.*

*Und, was manche machen,
Das sind schlimme Sachen,
Denn sie tun´s mit teuflischem
Verstand, den sie frech benutzen,
um die Welt zu utzen.
Dieses ist ´ne wahre Schand!*

*Doch ein sehr gerechter
Und ein treuer Wächter
Ward der Flora lange schon.
Ihm in solchen Sachen
X für U zu machen
Gibt es nicht bei Ascherson.*

*Jede Pflanze nennt er,
Jeden Standort kennt er
Von der Elbe bis zum Memelfluß;
Weiß von jeder Ecke
Und von jedem Flecke, was
da stehen darf und muß.*

*Find´t er Salbesachen,
Sagt er nur mit Lachen:
„Du gehörst nicht mang uns mang".
Sieht er wo Linaria,
Sagt er „Cymbalaria? Hier kam
Seidel wohl mal lang?"*

Ursprüngliche Heimat des Zimbelkrautes sind Felsen in Norditalien und an der Adria. Im 16. Jahrhundert holte man es als Zier- und auch Heilpflanze nach Mitteleuropa – als Helfer gegen Wunden, Frauenleiden und Entzündungen verschiedenster Art.

Warme, sonnige bis halbschattige und etwas feuchte Mauern – die Vorlieben des Spaltenkriechers sind hier, mitten in Berlin, bestens erfüllt. Üppiger noch als die alte Stadtmauer besiedelt das Zimbelkraut in manchen Jahren die benachbarte Ruine des alten Franziskanerklosters, kriecht an den Treppen entlang und umrundet wie ein dichter, grüner Ring die Sockel der historischen Säulen, hängt an den Klostermauern herab. Naturschützer haben Denkmalpfleger einst überzeugt, dass es trotz Sanierung an einigen Stellen bleiben durfte.

Geht die Berliner Ansiedlung vielleicht auf den Ansalber Heinrich Seidel zurück? Der Schriftsteller und Ingenieur der Kreuzberger Yorckbrücken und des Anhalter Bahnhofs hatte ein besonderes Hobby: Von seinen Reisen brachte er Samen fremdartiger Gewächse mit, um sie hier in Berlin „auszusetzen". Auf dem Weg vom Weinhaus Huth zur Straße am Karlsbad, wo er wohnte, streute er ab 1890 Zimbelkraut-Samen aus und freute sich im nächsten Jahr an den verblüffenden Ergebnissen. In seinem Gedicht zum 70. Geburtstag des Botanikers Paul Ascherson (1834 – 1913) nimmt er das damals beliebte Ansalben augenzwinkernd auf die Schippe. Heute gilt es als Florenverfälschung und ist genehmigungspflichtig.

Als die Stadtmauer 2006 gereinigt wurde, sind die kleinen Fugenbewohner sogar zu Stars geworden. Verewigt auf königlichem Porzellan. Junge Frauen haben einen Sommer lang im Gras neben den historischen Steinen gesessen, sich über die niedrige Mauerschräge gebeugt, Blüten und Blätter mit dem Zeichenstift studiert und die Skizzen dann auf schneeweiße Teller und Tassen übertragen. So entstand das Service „Mauerblümchen" für die Königliche Porzellan-Manufaktur Berlin. Das aber war eher ein glücklicher Zufall.

Denn der Lehrer für die angehenden Porzellanmalerinnen unterrichtete auch technische Assistenz für Denkmalschutz, ein anderes Ausbildungsfach an der Spandauer Knobelsdorff-Schule. Die jungen Männer lernten hier historische Steine abzuputzen, die Zwischenräume fachgerecht zu reinigen. Doch eine kleine Farnkolonie, die aus den mittelalterlichen Fugen spross, sollten sie stehen lassen. Eine Abmachung war das zwischen Natur- und Denkmalschutz.

■ Das Zimbelkraut stand Modell für das Service „Mauerblümchen".

Denn der **Braunstielige Streifenfarn** und die zierliche **Mauerraute** sind in Berlin und Brandenburg gefährdet. Zu viel ist schon wegsaniert worden. Hier sollten sie bleiben dürfen. So bekam das farnbewachsene Mauerstück eine Spezialbehandlung. Mit Wurzelbürsten schrubbten die Azubis die Ziegel ab, vorsichtig um die Pflänzchen herum. Eine Sisyphus-Arbeit, bei der Schüler und Lehrer nebenbei auch die Mauervegetation genau kennenlernten: die filigranen Wedel mit den braunen Sporen an der Unterseite – und wie geschickt sich die Wurzeln in den Fugen verankern. Aus Beobachtung entstand Bewunderung und daraus die Idee, den „Mauerblümchen" auf Porzellan ein Denkmal zu setzen. Das Service ist längst verkauft – wie alle Ausbildungsstücke. Vom Erlös haben die Porzellanmalerinnen einen schönen Gruppenausflug gemacht.

Die Farnkolonie ist noch immer da, weil sie bei der Sanierung verschont geblieben ist vom Wirbelstrahlverfahren mit Wasserdampfdruck und Quarzpulver. Wer *Asplenium trichomanes* und *Asplenium ruta-muraria* oben an der Stadtmauer genauer kennenlernen will, sollte ein Fernglas mitbringen. Nahe rangezoomt, erkennt man die Sporenbehälter auf den kleinen Farnwedeln und die rostbraunen Mittelstreifen, die dem Braunstieligen Streifenfarn seinen Namen gaben. *Trichomanes* – eine Pflanze mit vielen Haaren, und tatsächlich, denkt man sich die Blättchen weg, sehen die Wedelstiele wie ein Büschel Haare aus. Laut Signaturen-Lehre soll der Farn gegen Haarausfall helfen. Die Mauerraute indes erscheint so gar nicht wie ein „üblicher" Farn. Die mattgrünen Blätter können sehr vielgestaltig sein: dreieckig bis rhombisch-eiförmig oder länglich-lanzettförmig und verschieden gefiedert.

■ Die kleine Mauerraute bleibt im Winter grün.

■ Die Wedel des Braunstieligen Streifenfarns (links im Bild) sind einfach gefiedert und haben einen rostbraunen Mittelstreifen. Daneben ein Wurmfarn.

Mauerblümchen

■ Sumpffarn an der Stadtmauer

■ Mauerraute mit Street Art am Reichstagufer

Es passiert auch mal, dass der Sumpffarn aus einer Fuge sprießt. Eigentlich eine Feuchtgebietspflanze der Erlenbruchwälder, ist er eine Rarität in der City. Ein Überbleibsel aus der Sumpf-Zeit hier.

Die anderen, Mauerraute und Streifenfarn, sind erst durch den Menschen hierhergekommen. Als er steinerne Mauern und Gebäude errichtete, fanden die ursprünglichen Felsenbewohner nahrhafte Ritzen zum Leben. So mischt sich in der Stadt eins mit dem anderen.

Um die Jahrtausendwende waren die Spreemauern am Reichstagufer, zwischen Bahnhof Friedrichstraße und ARD-Hauptstadtstudio, ein Eldorado für Farne. Hier, an der Südseite der Spree, fühlten sie sich besonders wohl: Was der Fluss ausdünstete, nahmen die Pflanzen begierig auf.

Dann wurden sie weggeputzt - für einen „sauberen Blick" aufs Parlament? Doch den gab es nur, bis Graffiti-Sprüher die großen, freien Flächen für sich entdeckten, in denen wohl noch Reste von Wurzelgeflechten schlummerten. Lebenskraft kann sogar über Farbchemie siegen. Kleine Mauerrauten behaupten, auch lila angehaucht, zäh ihren exponierten Platz im Herzen der Hauptstadt.

In die andere Richtung, zum Bode- und Pergamonmuseum hin, streift der Blick hinunter ins dunkle Spreewasser immer mal wieder zartgrüne Wedel. Für den Laien nur irgendwelche Farne, machen Experten hier auch Seltenes aus. Den Ruprechtsfarn zum Beispiel. Er stammt aus den Kalkgebieten der Alpen und ist, als Vertreter der Schuttflurvegetation, in Berlin akut vom Aussterben bedroht.

Neben der Schiffsanlegestelle Weidendammbrücke/Friedrichstraße hat er noch gute Bedingungen und lebt in Wohngemeinschaft mit Zimbelkraut und Streifenfarn und Mauerraute. Falls irgendwann auch hier eine Putzkolonne anrückt, werden die Farn-Experten die grüne Mauer-WG zu verteidigen wissen. ■

■ 50 Arten von Mauerpflanzen haben Experten rund um die Museumsinsel gezählt.

Die Berliner Stadtmauer

Viel gibt es nicht mehr aus jener Zeit, und das Wenige ist kaum bekannt – wie die Reste der Berliner Stadtmauer zwischen Waisen- und Littenstraße. Insgesamt 82 Meter sind die drei Abschnitte heute noch lang. Einst waren es zweieinhalb Kilometer.

Gegen 1300 wurde die Befestigungsanlage um Berlin und Cölln als Schutz vor den immer wieder aufflammenden Kämpfen ums Territorium errichtet. Hatte doch die Doppelstadt an den großen Fernstraßen zur Oder bis nach Stettin und Breslau besondere Bedeutung erlangt. Um sich vorzustellen, wie sie genau ausgesehen hat, braucht man etwas Fantasie. Denn das Charakteristische für alle Stadtmauern der Region ist nicht mehr da: kleine, rechteckige Schalentürme, die Wiekhäuser, die man von der Stadt aus betreten konnte. Traten sie für gewöhnlich in der Mark an der Außenmauer hervor, ragten sie in Berlin dagegen in die Stadt hinein und waren mit einer modernen Form der Verteidigung, den Mauerreitern, sogenannten Sattaltürmen, kombiniert. Sie standen oben über der Mauerflucht hervor und ermöglichten eine bessere Sicht auf anstürmende Feinde, so neue Erkenntnisse der Bauforscher.

Wie viele Menschen am Bau beteiligt waren, weiß man nicht. Schwer und aufwendig war sicherlich das Heranschaffen des Materials aus dem Umland, Feldsteine aus dem Barnim zum Beispiel, aufeinandergeschichtet und verbunden mit gebranntem Mörtel aus Mergel oder Wiesenkalk. Bis zu 70 Meter, so vermuten die Wissenschaftler, könnten pro Jahr errichtet worden sein. Später nutzte man Backsteine aus den Ziegeleien der Stadt, wie am jüngeren Mauerabschnitt zu sehen ist, der zur Ruine der im 2. Weltkrieg zerstörten Klosterkirche führt. Dort hatten sich einst Franziskanermönche niedergelassen. Sie lebten von Spenden, bauten im Klostergarten aber auch Heilkräuter an. Hier schrieb Leonhard Thurneysser zum Thurn 1578 das älteste Kräuterbuch Brandenburgs.

Dass die Reste der Stadtmauer heute noch da sind, ist Zufall. Schon im 17. Jahrhundert hatte ihr Verfall begonnen. Viele Steine wurden abgetragen, anderswo verbaut. Manche Mauerabschnitte aber recycelte man gleich an Ort und Stelle – als Rückwand für neue Häuser. So blieben sie erhalten. 1948, als noch vieles in Schutt und Asche lag, wurden sie bei Enttrümmerungsarbeiten freigelegt. 1996 kam beim Abriss von Häusern Weiteres ans Licht. ■

■ Die Stadtmauer um Berlin und Cölln, 1650

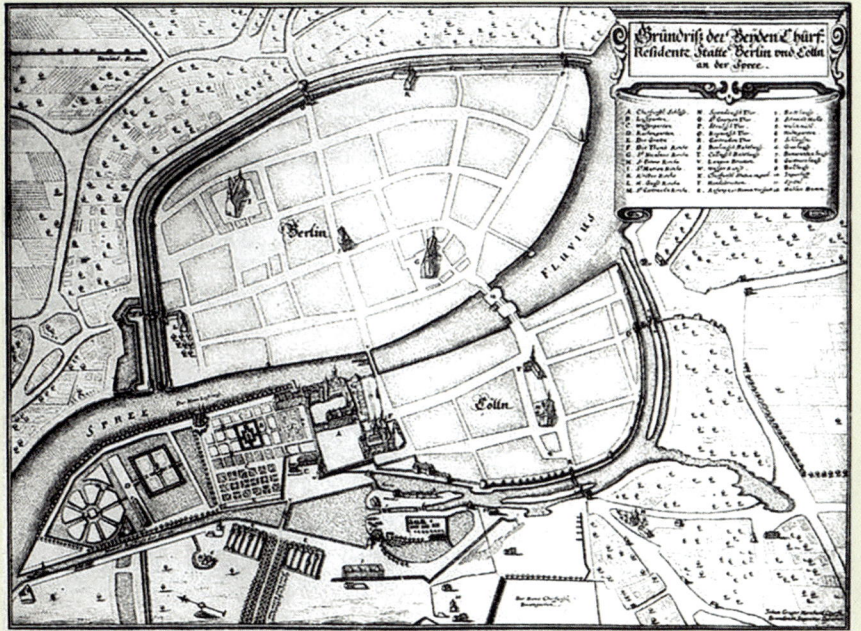

3 *Königskerze · Osterluzei · Schöllkraut · Efeu*

Vergessene Helfer

Wüsste man, beim Shoppengehen in die Mall of Berlin oder beim Schlendern über den Gendarmenmarkt, wozu Gewächse so alles gut sein können, sie bekämen sicherlich mehr Aufmerksamkeit. Ob als Lichtquelle oder Herzmittel, als Geburtshelfer oder als „Katervertreiber" – sehr clever nutzten die Menschen so manche Pflanze, die wir heute als wertlos abtun.

■ Die Blüten der Königskerzen öffnen sich entlang des ganzen Blütenstandes.

Viele Namen der **Königskerze** künden von ihren Bedeutungen: Unholdskerze, Himmelsbrand, Donner- oder Blitzkerze, Wetterkerze, Wollblume. Was hat der Mensch nicht alles mit ihr und aus ihr gemacht. Die Stängel, in Harz oder Pech getaucht, dienten als lang brennende Fackeln, als Lampendocht die leicht entzündbaren Härchen an den Blättern. Der Safran-Farbstoff der Blüten wurde zum Gelbfärben genutzt. Die Samen, in ein Gewässer gestreut, betäuben die Fische und erleichtern ihren Fang – meinte jedenfalls der griechische Philosoph Aristoteles.

Jede Kapsel hat etwa 300 winzige Samen – bei 200 Blüten können also 60.000 Samen an einer einzigen Pflanze reifen. Dann verholzt sie und stirbt ab.

Aber vorher streut der Wind die sogenannten Ballonflieger umher, und das eine oder andere Körnchen wird es schaffen zu keimen, eine Blattrosette zu bilden und eine kräftige Speicherwurzel. Ein ganzes Jahr muss dann vergehen, bis die Königskerze erwachsen wird und im zweiten Jahr Blüten und Früchte bildet.

In der Voßstraße, im Rücken der Mall of Berlin sozusagen, entfalten Königskerzen seit Jahren ihre ganze Pracht. Ein Plätzchen Innenstadt ist hier noch unbebaut, wird als Parkplatz genutzt. Denn unter dem bunt bewachsenen Hügel ruht ein Stück deutscher Geschichte, ein Bunker der ehemaligen Fahrbereitschaft der Reichskanzlei. So massiv gebaut, dass er nach dem Krieg nicht wegzusprengen war und mit Erde zugeschüttet wurde. Bis heute ein guter Nährboden für Wildpflanzen vieler Art. Die Königskerzen sind die imposantesten.

■ Besonders dick ist der Haarüberzug an jungen Blättern und der Rosette der Königskerze. Auf der Schleimhaut des Mundes verursachen die Haare lästiges Jucken und Kratzen. Weidetiere hüten sich vorm Wollkraut.

Für einen Tee die geöffneten Blüten der Königskerze ohne grüne Blütenkelche sammeln, möglichst an sonnigen Tagen. Trocknen und in luftdichten Gläsern aufbewahren.

Vergessene Helfer

■ Bei der Schwarzen Königskerze sind die Staubbeutel orangefarben und die Staubfäden violett behaart.

■ Königskerzen überragen alle anderen „Wilden" auf dem Gleisdreieck.

■ Die vielsamige Frucht der Osterluzei ist anfangs grün, wird später schwarz. Vor allem in Samen und Wurzeln steckt die giftige Aristolochiasäure.

Fünf Königskerzen-Arten hat Berlin zu bieten und mehrere Bastarde. Da sind die Großblütige Königskerze *Verbascum densiflorum*, die bis zu zwei Meter hoch in den Hauptstadthimmel ragt, die Kleinblütige *V. thapsus*, die Schwarze *V. nigrum*, die schon ab Mai ihre Blüten öffnet und erkennbar ist an ihren violett behaarten Staubblättern. Mehlige und Windblumen-Königskerze heißen die anderen hier etablierten Arten.

Das hübsche Braunwurzgewächs hat uns Menschen über Jahrhunderte nützlich zur Seite gestanden. Hippokrates, der berühmteste Arzt des Altertums, erwähnte die Königskerze bei Wundbehandlungen. Und die Äbtissin Hildegard von Bingen empfahl im 12. Jahrhundert die Wollblume als Mittel für ein starkes und fröhliches Herz. „Aber auch wer in der Stimme und in der Kehle heiser ist und wer in der Brust Schmerzen hat, der koche Königskerze und Fenchel in gleichem Gewicht in gutem Wein, und er seihe das durch ein Tuch und trinke es oft, und er wird die Stimme wieder erlangen", schrieb sie.

Ganz vergessen ist das auch heute noch nicht. Dass die Blüten bei Katarrhen helfen und reizlindernd wirken, wegen der Schleimstoffe und Saponine, ist wissenschaftlich anerkannt. In Südwestdeutschland wird die Pflanze deshalb auch Lungenkraut oder Hustenblume genannt. Einen Tee zu kochen, braucht es nur einen Esslöffel Königskerzenblüten, kochendes Wasser und 10 bis 15 Minuten Zeit.

Anfang des Jahrtausends hatte ein Botaniker, eher zufällig, am Rande der Straße des 17. Juni etwas Besonderes entdeckt: eine **Osterluzei**. Die alte Dorfpflanze konnte Love-Parade und anderen Massenspektakeln jahrelang trotzen, vertrieben hat sie erst die Hartriegel-Hecke, die den Tiergartenrand vorm Zertrampeln schützen soll. Es war die wohl Letzte ihrer Art in der Innenstadt, eine Pflanze, die an die Zeit erinnerte, als Berlin noch aus Dörfern bestand.

Doch *Aristolochia clematitis* gibt es noch anderswo in Berlin. Richtig breitgemacht mit ihrem kriechenden Wurzelstock hat sie sich auf dem Kirchhof der Gemeinde Jerusalems- und Neue Kirche, dem östlichsten der aneinandergereihten Friedhöfe an der Kreuzberger Bergmannstraße. Naturschützer konnten den Friedhofsgärtner überzeugen, das alte Heilgewächs hier leben zu lassen.

Im Comenius-Garten in Neukölln aber ist sie ganz sicher. Wurde extra angepflanzt, um die Farbenlehre des Universalgelehrten Johann Amos Comenius (1592–1670) anschaulich zu machen. Mit ihren hellgelben Blüten steht sie zwischen anderen weiß-gelb-orange Blühenden im Arzneigärtlein. Die Osterluzei hier hat eine ganz besondere Geschichte.

Vergessene Helfer

1737 kamen Einwanderer aus Böhmen nach Rixdorf und bauten am Richardplatz ihr „Böhmisches Dorf". 69 Familien waren es anfangs. Am 20. April 1781 wurde Eva Christiana Grunowsky, verehelichte Pittmann, als erste „legitimierte und recipirte Hebamme" in Rixdorf zugelassen. Zu ihrem Handwerkszeug gehörte die Osterluzei. Denn die hilft, Wehen einzuleiten und die Geburt zu erleichtern. Aber auch als Abortivum, zum Abtreiben, wurde sie eingesetzt und bei Menstruationsbeschwerden. Die Wirkung wird durch die Aristolochiasäure hervorgerufen. *Aristos lochia* heißt im Griechischen so viel wie sehr gute Geburt. Schon im 1. Jahrhundert hatte der Arzt Pedanios Dioskurides in seiner Arzneimittellehre geschrieben: „Die Aristolochia trägt ihren Namen daher, weil sie Wöchnerinnen helfen soll."

Die medizinische Anwendung aller Aristolochiasäure-haltigen Arzneimittel ist seit 1981 verboten, sie gelten als nierenschädigend und krebserregend.

Die Hebamme Grunowsky also pflanzte im 18. Jahrhundert die Osterluzei in ihren Garten in der Kirchgasse. Von hier aus wird dann, mehr als 200 Jahre später, ein Ableger in den Comenius-Garten geholt, wo die Geburtshelfer-Pflanze heute ein ganzes Beet bedeckt. Am interessantesten ist sie zwischen Mai und Juni, dann nämlich trägt sie ihre eigenartigen Blüten. Und wer im Böhmischen Dorf durch die Kirchgasse schlendert, kann sehen, wie sie sich durch den Zaun des ehemaligen Hebammengartens zwängt. Das Wurzelgeflecht im Boden kann also viele Menschengenerationen überdauern.

Die uralte Heilpflanze hatte aber noch andere Aufgaben. Ärzten des Altertums diente sie, genau wie den nordamerikanischen Indianern, als Mittel gegen Schlangenbisse. Sie hilft auch bei

■ Auffällig ist die ungewöhnliche Form der Blüten, eine Falle für Insekten. Die Blütenröhre ist innen mit Haaren bedeckt, die nach unten stehen. So können Insekten zwar gut reinschlüpfen, kommen aber nicht wieder heraus. Die Behaarung hält sie gefangen.

■ Hat sich das Insekt lange genug im Kessel bewegt und die Narbe bestäubt, erschlaffen die Härchen, und die mit Blütenstaub bedeckten Insekten können wieder in die Freiheit.
(Spezialaufnahmen aus dem Film „Blüte und Insekt" von Siegfried Bergmann von 1966)

■ Die Blüten einiger tropischer Arten der Osterluzei gehören mit über 50 Zentimetern zu den größten Blüten überhaupt.

Vergessene Helfer

Wunden, die durch Druck und Reibung entstehen, z.B. bei Bettlägerigen. Wie nur hat man die unterschiedlichsten Wirkungen herausgefunden?

Sehr zeitig im Jahr schiebt das **Schöllkraut** seine gelben Blüten hervor, unter Hecken und vor Hauswänden, an Zäunen, auf Schutthalden und Friedhöfen – überall da, wo genug Stickstoff im Boden ist, in der Nähe des Menschen also. Der aber ignoriert heute diese Anhänglichkeit, geht achtlos an *Chelidonium majus* vorbei.

Das war einst ganz anders. Manch einer erinnert sich vielleicht, dass die Oma den orangefarbenen Saft, der aus den Stängeln tropft, auf die Warzen gestrichen hat. Das hilft natürlich auch heute noch, man muss es nur wissen. Aber man sollte auch wissen, dass der Saft ziemlich giftig ist. Zum Glück schmeckt er scharf und bitter, und kein Kind würde daran lecken. Auch Tiere weichen auf der Weide dem Warzenkraut aus.

Der Saft mit seiner ätzenden Wirkung hilft nicht nur gegen Warzen und Hühneraugen. Heute ist bekannt, dass die bakterientötenden und zellteilungshemmenden Eigenschaften die helfende Wirkung ausmachen.

Schöllkraut ist ein Verwandter des Schlafmohns, die Alkaloide wirken beruhigend und krampflösend. Fast jede Pflanze kann uns dienlich sein, manche aber besonders.

Albrecht Dürer, der berühmte Maler der Renaissance, litt seit einer Reise an Malaria. Die Folge war u.a. eine starke Milzvergrößerung. Er schickte seinem Arzt eine Skizze, auf der er mit dem Finger auf die schmerzende Stelle zeigt. Der Arzt verordnete daraufhin Schöllkraut. Als Dank vielleicht widmete Dürer der kleinen Pflanze ein Bild. Es hängt in der Albertina in Wien.

Noch andere Schöllkraut-Eigenschaften wurden genutzt: die orange Farbe des Milchsaftes zum Färben von Wolle, Stoffen und Leder. Laut einem mittelalterlichen Kräuterbuch ist Schöllkraut sogar zum Haarefärben geeignet: „Schön gel Haar zu machen: Nimm Schellkrautwurtzel sauber gereiniget / und Ferberrothwurzel ... stoße sie zu einem reinen subtilen Pulver."

Später als die Frühblüher, aber eher als die meisten anderen Pflanzen, treibt das Schöllkraut aus, angeblich mit dem Eintreffen der ersten Schwalben. So jedenfalls deutete der griechische Militärarzt und Pharmakologe Pedanios Dioskurides im 1. Jahrhundert den Namen *Chelidonium*: vom griechischen *chelidon* – Schwalbe.

■ Vier gelbe Kronblätter, zahlreiche gelbe Staubblätter und ein auffälliger Griffel. Das Schöllkraut zeigt sich nur bei gutem Wetter in seiner ganzen Pracht.

Die Kräuterleute

Verein zur Förderung der traditionellen Heilkunde.
www.kraeuterleute.de

Viola Schalksi, Heilpraktikerin
www.hauptstadt-heilpflanzen.de

■ oben: Die Samen des Schöllkrauts haben ein fleischiges Anhängsel, an dem sich Ameisen gern bedienen. So sorgen sie für die Verbreitung der Pflanze selbst auf Mauern und in hohlen Weiden.

■ links: Der helfende, aber auch giftige Saft

■ Die ledrigen Blätter können verschieden aussehen: Beim jungen Efeu sind sie drei- bis fünffach gelappt. Später, wenn er blüht, werden die Blätter birnenförmig.

Mit dem Wegzug der Schwalben beginne das Mohngewächs zu welken. Und der römische Gelehrte Plinius der Ältere meinte, die Schwalbe öffne mit dem Saft der Pflanze die Augen ihrer Jungen.

Während die meisten Gewächse im Herbst gehen und im Frühjahr wiederkommen, ist der **Efeu** immer da. Auf dem Gendarmenmarkt, hinter dem Deutschen Dom, hat er sich einige Bäume ausgesucht. So innig umschlingt er sie, dass vom Stamm fast nichts mehr zu sehen ist. Hüllt sie sommers wie winters in einen grünen Blättermantel. Auch die knorrigen Stämme der zwei denkmalgeschützten Schnurbäume sind efeuumrankt, was die Erhabenheit der 130-Jährigen noch unterstreicht.

Bis in die Spitzen eines Baumes kann es die Kletterpflanze schaffen. Dabei helfen unzählige Luftwurzeln, die sich fest in die Rinde des Auserwählten krallen. Ganz unten, an den dicken Efeu-Ästen, die den Wirt längst losgelassen haben, ragen die nun überflüssig gewordenen kurzen Kletterwerkzeuge dicht an dicht

Als Heilpflanze war der Efeu schon im Altertum begehrt. Heute werden nur noch Luftwegs-Katarrhe mit seinen Wirkstoffen behandelt. Nachgewiesen sind entkrampfende Eigenschaften.

③ Vergessene Helfer

Schon im Altertum wurde der Efeu zur Hausbegrünung genutzt. Er schützt das Mauerwerk vor Hitze, Kälte und schädlichen Witterungseinflüssen.

■ Die Beeren des Efeus beginnen zum Ende des Winters zu reifen. Sie sind für Menschen giftig.

■ Efeu ist der einzige „Wurzelkletterer" Mitteleuropas.

vertrocknet in die Luft. Nur hier kann man den Stamm sehen, ansonsten haften die Wurzelchen so fest am Wirtsbaum, dass man den Efeu nur mit Gewalt abreißen könnte. Und manchmal passiert das auch.

Man könnte denken, der Untermieter richtet den Wirt irgendwann zugrunde mit seinem einnehmenden Wesen, nimmt ihm den Atem, raubt seine Kraft. Aber nein, es ist eine freundschaftliche Umarmung, kein Schmarotzen. Denn Wasser und Nährsalze zieht *Hedera helix* nicht aus dem Baum, sondern unten aus der Erde des Gendarmenmarktes.

Und dass es hier genügend Nahrung für den Efeu gibt, zeigen die vielen Früchte, die im Winter reif werden. Die kugeligen Dolden voller schwarzblauer Beeren sind in der kalten Jahreszeit ein willkommenes Futter für die Stadtvögel. Wenn sie nicht in kunstvoll gebundenen Blumensträußen landen. Unten, wo gutes Rankommen ist, schneiden „Pflanzenräuber" schon mal die Fruchtstände ab. Ob sie wissen, dass die Beeren giftig sind?

Im Schatten der historischen Bauten kann man gut den Geschichten lauschen, die die immergrünen Blätter erzählen. Da geht es um Weinseligkeit und um Freundschaft, eheliche Treue und anklammernde Abhängigkeit, Ruhm und Tod.

Bei ihren orgiastischen Streifzügen wanden sich der Gott Dionysos und sein lärmendes Gefolge Efeuranken um die Stirn. Die sollten den Weinrausch mildern. Auch die Trinkgefäße waren mit Efeu und Reben umkränzt. Im Tempel der strengen Ehegöttin Hera aber wurde Efeu gemieden, weil er Symbol des trunkenen Weingottes war – und Trunksucht Gefahr für eine gute Ehe.

Im alten Griechenland bekam manch Paar bei der Eheschließung eine Efeuranke. Denn die stand auch für immerwährende Treue, wegen der unermesslichen Anlehnungsbedürftigkeit der Pflanze. Dichter wurden mit Efeu bekränzt – als Zeichen der Muse. Und die ersten Christen betteten ihre Verstorbenen auf Efeu, denn wer in Christo getauft ist, muss unsterblich sein. Das Symbol der Unsterblichkeit wenigstens ist geblieben. Auch heute umrankt Efeu die Grabsteine. Wohl auch deshalb, weil er niemals im Jahr seine Lebenskraft verliert, ein immerwährendes Grün zur Zierde.

Einst in Gärten und Parkanlagen gepflanzt, ist der Efeu von dort aus verwildert. Vor 160 Jahren noch war er selten in der Stadt. Heute aber umarmt er am Gendarmenmarkt nicht nur Bäume, er windet sich auch an den Metalleinfassungen entlang und erobert den Rasen, bis der mal wieder, um Luft zu kriegen, von dem Araliengewächs befreit wird. ■

Mythos, Magie und Medizin

„Herzspann rücke dich, mit zwei Fingern kreuzweise bestreiche ich dich ..." – Magie und Heilkunde waren einst eng verbunden, wie der Volkskundler Willibald von Schulenburg es 1882 im Buch „Wendisches Volkstum in Sage, Brauch und Sitte" beschrieb. Ähnliches wurde mit Ähnlichem geheilt. Gegen Asthma sollte ein Sud aus Lungenkraut helfen, dessen Blätter gefleckt waren wie die Lunge des Kranken.

Psychologisch war diese Kombination aus Kräuterextrakt und Ritual äußerst geschickt, wurde doch so ein günstiges Klima für die Gesundung geschaffen, das oft wichtiger ist als die Medizin selbst. Jene, die damals dieses Handwerk beherrschten, nannte man Heilerinnen oder „weise Frauen". Ihr Wissen gründete sich auf genauen Beobachtungen der Natur. Weitergegeben von Generation zu Generation, war es über die Jahrhunderte für viele Menschen die einzige Art ärztlicher Versorgung.

Der Morgentau um den Johannistag am 24. Juni, so wussten die Kräuterfrauen, verleiht blühenden Pflanzen Heilkräfte. Deshalb sollte man sie vor Sonnenaufgang pflücken.

Inzwischen haben Wissenschaftler herausgefunden, dass Temperatur- und Lichtschwankungen die chemischen Eigenschaften vieler Pflanzen tatsächlich verändern. So ist die Wirkung von Mohnsamen am frühen Morgen viermal größer als am Abend. Kräuter zum Wahrsagen dagegen wurden um die Mittagszeit gepflückt.

Der Hollerstrauch – Schwarzer Holunder – galt unseren Vorfahren als Wohnsitz von Frau Holle, die Haus und Hof beschützt. Deshalb fehlte er auf keinem Gehöft. Seine getrockneten Blüten nutzte man

■ Hexenverbrennung, 1555

gegen Rheuma und Gicht. Die blau blühende Wegwarte oder Wilde Zichorie sollten beim Berühren unwiderstehliche Liebe wecken. Sie galt als Zauberpflanze gegen Pest und überhaupt alle Übel. Der Baldrian beruhigte, zerquetschte Wegerichblätter kühlten Wunden, die Schafgarbe half bei Bauchweh.

Der Kirche war dieses Urwissen unheimlich. Nach der Christianisierung wurden in Europa tausende Kräuterfrauen als „Hexen" auf den Scheiterhaufen der Inquisition verbrannt. Zwar bekannte Paracelsus, der Wegbereiter der neuzeitlichen Medizin, sein hohes Wissen habe er von den „weisen Frauen" gelernt. Doch was half's?

Ihre Erkenntnisse jedoch haben überlebt – in der Naturheilkunde, die in unserer hochtechnisierten Welt eine Renaissance erfährt. ■

4 Götterbaum · Robinie · Drüsiges Springkraut

Ein Chinese erobert die City

Zur Zierde von Parks und Gärten kamen sie einst nach Berlin. Heute ist die Exklusivität geschwunden, und mancher Hergeholte wird wieder weggewünscht. Denn die Pflanzen Chinas, Amerikas und Indiens wachsen inzwischen ganz ungeniert und manchmal zu zahlreich in der Stadt.

■ Die Blätter des Götterbaums werden oft mit denen des Essigbaums verwechselt. 1,67 Meter lang, 46 Zentimeter breit, 43 Fiederblättchen – das größte bislang bekannte Götterbaumblatt Berlins.

Angenehme Schattenspender waren die **Götterbäume** einst auf dem großen freien Platz vorm Fernsehturm, mit ihren ausladenden Kronen. Dann wurden sie ersetzt durch junge Japanische Schnurbäume. Zierlicher und gepflegter sieht es jetzt aus. Doch der Götterbaum lässt sich nicht so leicht vertreiben und aus Berlin sowieso nicht mehr. Er ist sozusagen zum Baum-Unkraut der Hauptstadt geworden. An der Ecke Gontardstaße zur Karl-Liebknecht-Straße hin, wo gerade mal ein Stück brach liegt, schießt er schon wieder in die Höhe. Sein genialer Ausbreitungs-Trick: Er kann sich sowohl durch Samen als auch über Wurzeltriebe vermehren.

Sind Götterbäume auch deshalb so zahlreich geworden in der Stadt?

Ganze Straßenränder werden von *Ailanthus altissima* bevölkert. An der Grunerstraße, gegenüber vom Roten Rathaus, kommt man in manchen Jahren kaum an den ausladenden Wedeln vorbei. Und auch wenn der Parkplatzbetreiber die Äste immer mal wieder kappen lässt – die vielen Götterbaum-Stämmchen ficht das nicht an. Im Gegenteil, sie schlagen umso kräftiger wieder aus. Bis zu 3 Meter können die Triebe in nur einem Jahr wachsen.

■ Zweihäusig getrenntgeschlechtig, d.h. die männlichen und weiblichen Blüten befinden sich auf verschiedenen Bäumen.

■ Das Flugblatt des Götterbaums färbt sich im Laufe des Sommers rot.

4 Ein Chinese erobert die City

■ Fruchtender Götterbaum auf der Freifläche vor dem Kulturforum

Wildes Wuchern aus Spalten und Ritzen und ein Feuerwerk an Fruchtbarkeit – auf der großen Freifläche vor dem Kulturforum, zwischen Philharmonie und Neuer Nationalgalerie, sind die Lebenskünste des Fremdländers gut zu beobachten. Er hat sich in den Steinblöcken festgesetzt, Stämmchen an Stämmchen zwängt sich aus den Lücken zwischen dem Beton und biegt sich dem Licht entgegen.
An den Alt-Exemplaren prangen im späten Frühjahr unzählige Rispen vol-

1856 wurde in Wien für eine geplante Seidenindustrie der Ailanthus-Spinner eingeführt. Er ernährt sich von den Blättern des Götterbaumes. Aus seinem Kokon lässt sich eine Seide herstellen, haltbarer und billiger als die übliche.

ler unscheinbarer grüngelber Blüten. Gut, dass sie in solcher Höhe hängen, das erspart den Vorbeilaufenden ihren üblen Geruch. Die prallen Fruchtstände, Monate später, sind erst grünlich, dann färben sich die Nüsschen mit den kleinen Flügeln hellbraun bis rot, trocknen und bleichen am Ende aus. Bis in den Winter hinein können sie den „Baum des Himmels", wie er in seiner asiatischen Heimat auch genannt wird, schmücken. Nun bekommt der Platz in bester City-Lage ein neues Gesicht, eins ohne das zähe Bittereschengewächs. Doch wer weiß, ob *Ailanthus* sich dann hier nicht doch wieder irgendwo aus dem Untergrund ans Tageslicht schiebt...

Ansonsten ist Berlin kulant, lässt die Götterbäume wuchern. Anderswo, wie am Rheinufer in Basel, werden die Stadteroberer entfernt, am besten rausgerissen. Weil eben, nur abgesägt, es schnell wieder zu Stockausschlägen kommt.

Nicht nur in der Schweiz, auch in anderen Ländern gilt der Götterbaum als aggressiver Neubürger, der, damit er nicht Heimisches verdrängt, immer wieder beseitigt wird. Eine biologische Invasion, die wir uns selbst nach Europa geholt haben.

1740 hatte der Jesuit Pierre D`Incarville die ersten Götterbäume aus Asien nach Paris gebracht. Vier Jahrzehnte später wurden sie auch in Berlin angepflanzt. Peter Joseph Lenné fand sie sogar passend für das Palmenhaus auf der Pfaueninsel, ihre gefiederten Blätter konnten neben den Palmwedeln gut bestehen.

Die große Zeit der Neu-Berliner aber kam nach dem 2. Weltkrieg, als die Stadt in Trümmern lag. Vorher hatte es im Zentrum kaum freie Flächen gegeben, alles wurde „ordentlich" gepflegt. Nun aber war Platz genug.

Der Ostasiate ist ausgesprochen genügsam, ihm reicht trockener Sandboden. Schlechte Luft stört ihn nicht, er kann viel verkraften. Und er liebt es warm – da ist eine überhitzte Innenstadt genau das Richtige. Nach 60 Jahren hat er seinen Lebensabend erreicht – und reichlich Nachwuchs hinterlassen.

Beim Vorbeifahren stiebt es weiß auf. An Schnee nicht zu denken spät im Mai. Es sind Blütenreste der **Robinien**. Die weißblühenden Trauben hängen so hoch in den Bäumen, dass man sie kaum wahrnimmt. Nun aber haben die Schmetterlingsblumen ihre Schuldigkeit getan und sind auf die Fahrbahn herabgesegelt. Bald werden sie wohl weggekehrt.

Als Straßenbaum ist die Robinie seit langem beliebt, denn Staub, Ruß, Abgase machen ihr nichts aus, und auch Trockenheit steckt sie gut weg. Hergekommen aus Nordamerika aber ist sie aus einem anderen Grund: Man schätzte ihre auffälligen, jasminähnlich duftenden Blüten und wollte mit dem exotischen Ziergewächs Parks und Gärten verschönern. Um 1670 wurde *Robinia pseudoacacia* in den Berliner Lustgarten gepflanzt. Aber zuvor war sie, wie auch der Götterbaum, in Paris gelandet. Der französische Apotheker, Botaniker und Hofgärtner Jean Robin hatte sie aus Virginia mitgebracht. So wurde er ihr Namenspate. *Pseudoacacia* ist ein Verweis auf die Ähnlichkeit mit den Akazien. Die aber blühen gelb.

Längst ist der Robinien-Baum der häufigste Fremdländer in Berlins Innenstadt. Die großen, freien Trümmerflächen der Nachkriegszeit waren auch für die Nord-Amerikanerin ein Segen, anspruchslos und raumgreifend wie sie ist. Aus ihren

■ Die flachen Hülsen bleiben lange geschlossen und hängen oft noch im Winter.

Wurzeln können sogar noch zehn Meter vom Baum entfernt neue Sprösslinge wachsen, die im Jahr bis zu fünf Meter emporschießen. Aber auch auf oberirdischem Wege wird für Nachwuchs gesorgt. Hat ein Samen erstmal Fuß gefasst, wird das Bäumchen schnell erwachsen, egal auf welchem Boden, auch wenn es nur Sand ist. Bald kann ein kleiner, lichter Wald entstehen. Wie nach der Stilllegung des Potsdamer und des Anhalter Güterbahnhofs in den 1950ern.

Über Jahrzehnte konnten sich die Robinien austoben zwischen rostigen Gleisen. So ist das „Wäldchen" entstanden und zum festen Begriff geworden bis heute. Verzeichnet auf den Wegetafeln im Park am Gleisdreieck.

■ Robinien zum Anfassen im Park am Gleisdreieck

Ende des 18. Jahrhunderts wurde die Robinie zur beliebten Baumart, weil sie auch auf trockenem Sandboden wuchs. Das Holz ist widerstandsfähig gegen Holzfäule und doch biegsam und fest.

Denn als der Park entsteht, darf dieser wilde Wald bleiben. Die alten Robinien und ihr Nachwuchs danken es im Juni mit einer weißen Blütenpracht, die mancherorts soweit herabhängt, dass man sie anfassen und ihren Duft einsaugen kann.

Wie alle Leguminosen ist auch die Robinie in der Lage, durch Knöllchenbakterien an ihren Wurzeln Luftstickstoff zu binden, ein Selbstversorger also. Gleichzeitig wird der Boden gedüngt und chemisch verändert. Keine andere Holzart kann binnen weniger Jahre ihre Umgebung dermaßen verändern. So ist auch diese einstige Zierpflanze zum aggressiven Neubürger geworden.

Ein Chinese erobert die City

Samen, ohne Öl in einer Pfanne geröstet, springen herum wie Popcorn und schmecken wie Pommes Frites – weiß Wildpflanzenkoch Steffen Guido Fleischhauer. www.wildkrautgarten.de

Das Drüsige Springkraut steht seit 2017 auf der EU-Liste invasiver Arten, deren Ausbreitung verhindert werden soll.

Genau wie das **Drüsige Springkraut**. In der Innenstadt taucht es nur ab und zu mal auf, wenn jemand Samen in die Erde bringt – wie in eine Baumscheibe in der Wörther Straße im Prenzlauer Berg oder in Pflanzkübel hinterm Haus der Kulturen der Welt. Denn *Impatiens glandulifera* ist zur Blütezeit wirklich eine Zierde, mit karminrot bis blassrosa „Rachenblumen", großen Blütenständen, in die die Bestäuber, angelockt von einem sehr intensiven Duft, sogar hineinkriechen können.

1839 war das Drüsige, auch Indisches Springkraut genannt, aus den Tälern des Himalaya nach England gebracht worden und bald weiter in viele europäische Gärten. Doch die „Bauernorchidee" machte sich davon und wurde bereits elf Jahre später verwildert gefunden. Schnell eroberte sie den ganzen Kontinent.

Wo es ihr gut geht, wird sie mehr als zwei Meter groß. Von dort oben kann sie ihre Samen bis zu sieben Meter weit schleudern. So macht sich das Balsaminengewächs rasant breit. Und auch noch auf anderen Wegen: Durch Klebeausbreitung – oder die Samen wandern im Wasser mit, nicht als Schwimmer, sondern schwebstoffartig treibend im Flusssand.

Finden sie ein genehmes Ufer, dann gnade Gott den anderen Pflanzen. Nicht nur sehr hoch, auch bis zu fünf Zentimeter dick werden die Stängel des Einwanderers aus Ostindien. Ein Verdränger ist er, andere haben neben ihm kaum eine Chance. Ein ganzes Bachbett oder einen Uferstreifen kann er okkupieren. Der intensive, für manche unangenehme Duft, verströmt durch Drüsen am Blattstiel und am Blattgrund, zieht Hummeln magisch an. Und so sind die heimischen Pflanzen, die im Dunstkreis des Riesen-Springkrauts wachsen, auch bei der sexuellen Vermehrung im Nachteil.

Also raus mit dem einst zur Zierde Hergeholten, heißt es z.B. im Bayerischen Wald. Während das hübsche Springkraut hier in der Berliner City mancherorts ganz gesittet die ihm zugewiesenen Plätze verschönt. Wer es wild erleben will, muss ein Stück raus aus der Innenstadt. Im Spandauer Forst am Kuhlakenteich wächst es und in den Tiefwerder Wiesen. Im Tegeler Fließtal im Naturpark Barnim steht es, und auch an Zuläufen zum Müggelsee hat es sich breitgemacht. ■

■ Der Gattungsname *Impatiens* bedeutet Ungeduld und bezieht sich auf das Explodieren der Samenkapseln schon bei der leisesten Berührung – besonders bei Kindern ein beliebtes Spiel.

Die Neubürger

Platane und Kastanie, Forsythie und Flieder – für uns ein gewohnter Anblick im Stadtbild, doch eigentlich sind sie hier nicht ursprünglich beheimatet. Neophyten werden sie von den Fachleuten genannt, was so viel heißt wie Neubürger. Und das ist eine uralte Geschichte. Schon nach der letzten Eiszeit waren viele eingewandert, als es hier ausgesprochen wenige Arten gab. Die jetzige Vielfalt ist also undenkbar ohne die einstigen Fremden.

Heute werden nur noch jene als Neophyten bezeichnet, die nach 1492 zu uns kamen. In dem Jahr, als Christoph Kolumbus Amerika entdeckte, die Welt „größer" wurde, mit überseeischem Handel und Verkehr die Zahl der potenziellen Zuwanderer stieg.

Ganz unterschiedlich sind sie hierher gelangt. Manche wurden bewusst als Zier- oder Nutzpflanzen ins Land geholt, andere wiederum trafen heimlich, als blinde Passagiere mit Waren und Saatgut ein. Vor allem das 19. Jahrhundert eröffnete ihnen mit Dampfschifffahrt und Eisenbahn neue Reisemöglichkeiten.

Heute heißen die Gründe für die Einwanderung Globalisierung und Klimawandel. Durch die große Standortvielfalt in der Stadt haben die Neuen – im Gegensatz zum Umland – gute Chancen, einen passenden Platz zu finden. Und sie nehmen rasant zu. Von den etwa 1.527 wilden Pflanzen, die gegenwärtig in Berlin wachsen, sind 307 Neophyten. Vor nicht einmal zwanzig Jahren waren es noch 271. Das ist eine Steigerung von mehr als 10 Prozent.

Das vierblättrige Nagelkraut gehört dazu. Damals nur sporadisch zu finden, ist es heute an einigen Stellen beständig da. Eigentlich im Mittelmeerraum zu Hause, fühlt sich diese wärmeliebende Art in Berliner Pflasterfugen ausgesprochen wohl.

■ Christoph Kolumbus: Seefahrer und Entdecker

Der Wunderlauch aus Zentralasien wächst in Parks und Wäldern wie dem Plänterwald im Bezirk Treptow-Köpenick. Die auch Berliner Bärlauch genannte Pflanze verfügt über eine ausgeklügelte Vermehrungsstrategie. Sie wächst aus einer Zwiebel, die sich vermehrt. Aus einer werden in einem Jahr ganze zehn. Auch der Blütenstand enthält sogenannte Brutzwiebeln. Und außerdem tragen zusätzlich noch Samen zur Verbreitung bei. Durch sein massenhaftes Auftreten kann er andere Pflanzen wie zum Beispiel das alteingesessene Buschwindröschen verdrängen.

Die EU hat inzwischen eine Liste von Arten erstellt, die mit ihrer Ausbreitung anderen Pflanzen und der Vielfalt schaden können. Man nennt sie invasive Arten. Sie stehen unter besonderer Beobachtung wie der Riesenbärenklau aus dem Kaukasus und das Drüsige Springkraut aus Indien.

Die meisten Neophyten sind jedoch völlig unproblematisch. Sie wachsen oft auch auf Standorten, auf denen heimische Arten Schwierigkeiten haben. Dort übernehmen sie wichtige Funktionen im Naturhaushalt, machen zum Beispiel das Stadtklima angenehmer. ■

■ Wunderlauch im Plänterwald

5 · Schmalblättriges Greiskraut · Spitzklettenblättriges Schlagkraut · Wanzensame · Salzkraut

Blinde Passagiere

■ Das Schmalblättrige Greiskraut blüht und blüht und blüht, vom Frühling bis zum Wintereinbruch.

Ost- und Westberliner, man mag es kaum glauben, gab es auch bei Pflanzen. Ihre Wege hierher waren manchmal sehr verschlungen. Von einigen Gewächsen sind sie bekannt, bei vielen nur erahnbar. Vielleicht streift ein Blick die kleinen, gelben Blüten, die in Büscheln aus dem Zaun wachsen oder sich im Park am Gleisdreieck zwischen den Gleisen tummeln. Dass es eingebürgerte Südafrikaner sind, wissen nur die Eingeweihten. Und jetzt auch Sie.

Auf den Gleisen der „Osthavelländischen Eisenbahn Berlin-Spandau AG" in Spandau-Hakenfelde wurde Jahre 1993 ein merkwürdiges Greiskraut ge-sichtet. Hatten Herbizide es verändert? Woher sonst kamen die ungewöhnlich schmalen Blätter? Ein Jahr später fand ein Experte am Rheinufer bei Düsseldorf ebensolche Pflanzen. Nun untersuchte man genau mit dem Ergebnis: Es ist *Senecio inaequidens*, das **Schmalblättrige Greiskraut**. Endlich war das Geheimnis gelüftet.

Gute 100 Jahre zuvor schon war die Art zum ersten Mal in Deutschland aufgetaucht, auf dem Gelände einer Wollkämmerei in Hannover-Döhren. Hier wurden Importe angeliefert, auch Schafwolle aus Südafrika. Greiskrautsamen, die sich im Fell der Tiere verfangen hatten, waren wohl mitgereist. Bald tauchten die Senecio-Pflanzen mit den schmalen Blättern im Hafen von Bremen auf, in Lüttich …

Lange blieb unklar, welcher Sippe sie zuzuordnen seien. Oft gab es nur wenige Exemplare am Ort der Einschleppung, unbeständig war das Greiskraut noch dazu.

Die wirkliche „Eroberung" begann erst in den 1970er Jahren vom Nordwesten her und gebietsweise explosionsartig. Solche Verzögerungen zwischen dem ersten Auftreten einer Art und der starken Ausbreitung sind häufig bei Invasionen. 1993 nun war das Greiskraut in Berlin angekommen. Sein Vorwärtsdrängen wurde genau beobachtet: entlang der Bahntrassen, an der A2 bei Brandenburg, dann auf der A10, dem Berliner Ring, Teile der Stadtautobahn wurden okkupiert. Die Samen wandern mit dem Wind, aber auch in Reifenprofilen, durch Luftverwirbelungen am Fahrbahnrand. Und auch Baustellen bieten einen „guten Grund" zum Keimen. Hinzu kam die klimatische Gunst, das Wärmerwerden in den letzten

■ Eine klassische Adventivpflanze: durch menschlichen Einfluss hierhergekommen und fest etabliert – wie im Park am Gleisdreieck.

Greiskräuter sind unter den Blütenpflanzen eine der artenreichsten Gattungen. In Berlin gibt es noch: Gemeines Greiskraut oder Kreuzkraut, Frühlings-Greiskraut und das Klebrige Greiskraut.

Jahren. 2002 gab es mal weniger Greiskraut, aber da wurde auch kaum noch gebaut am Berliner Ring, und der Januar war sehr kalt.

Fachleute haben den Einwanderer weiter im Blick. Verdrängt er etwa Heimisches? Hier in Deutschland ist man relativ gelassen. In Frankreich und der Schweiz wird es kritischer gesehen, denn das Schmalblättrige Greiskraut dringt in Weinberge und auf Weiden vor. Was, wenn es sich erst in Getreidefeldern breitmacht wie in seiner Heimat Südafrika? Dort landet das Ackerunkraut schon mal mit in der Brotproduktion und es kann Vergiftungen geben, denn der ausdauernde Halbstrauch ist für den Menschen nicht bekömmlich.

Massenbestände wie an manchen Autobahnen und Bahnstrecken gibt es in Berlin bisher kaum. Doch in der City scheint es dem Korbblütler zu gefallen, vor allem in wilden Parks wie am Nordbahnhof und auf dem Gleisdreieck, wo es die Schotterflächen überzieht und den Schienenstrang der Museumsbahn schmückt.

Wenn beim Blick aus der S-Bahn in Höhe Tempelhof selbst im November und Dezember noch auffällig gelb blühende Büsche vorbeihuschen, so ist das mit ziemlicher Sicherheit *Senecio inaequidens*. Was sonst blüht so lange im Jahr und geht so cool mit Herbiziden um.

■ Der Gattungsname kommt von lat. *senex* = Greis. Vermutlich, weil die Körbchen zur Fruchtreife an ein Greisenhaupt erinnern, mit vielen weißen Haaren.

Es ist wahrlich keine Schönheit, unscheinbar die Blüten, unausgewogen die Gestalt. Und so mutete es wohl etwas erstaunlich an, dass sich jemand mit der Kamera für das **Spitzklettenblättrige Schlagkraut** interessierte. Bevor es aus der City vielleicht ganz verschwindet, sollte es noch einmal dokumentiert werden. Jahrzehntelang hatte es auf der großen Wertheim-Brache am Leipziger Platz ein gutes Leben geführt. Als dann hier der neue Einkaufstempel, die Mall of Berlin, entstand, konnte sich *Iva xanthiifolia* an den Bauzaun in der Voßstraße retten.

Hier nun sollten ein paar Abschiedsfotos entstehen, denn die unansehnliche Pflanze mit ihrer ungewöhnlichen Einwanderungsgeschichte ist der Autorin irgendwie ans Herz gewachsen. Im Bemühen, das schwer zu Fotografierende scharf zu ziehen, erntete sie fragende bis mitleidige Blicke. Doch dann erzählte sie den Bauarbeitern und Passanten, was es mit der Pflanze auf sich hat, dass sie ein Kind des Kalten Krieges war, in Berlin nur im Osten wuchs, obwohl sie ursprünglich aus Nordamerika stammt. Ihr Weg führte sie von dort über die Sowjetunion bis in die DDR. Eine Reise zwischen den Systemen, sozusagen.

Mit Weizen aus den USA oder Kanada ist *Iva* wohl in die Sowjetunion gekommen. Seit den 1930er Jahren war das Ackerunkraut dort regelrecht gefürchtet. Es machte sich auf den Feldern der Kolchosen breit, wurde massiv bekämpft. Doch es schien unausrottbar und landete mit in der Ernte. Als nach dem 2. Weltkrieg und der politischen Teilung Europas dann Getreide aus Kasachstan und der Ukraine in andere Ostblockländer rollte, fuhr die ungeliebte Pflanze in Eisenbahnwaggons tausende Kilometer mit.

Im Osten Berlins fand sie genug freie Stellen und gute Bedingungen, vor allem in Mauernähe wie am Leipziger und Potsdamer Platz, wo alles einfach liegen blieb, keiner bauen konnte. Betreten bei Lebensgefahr verboten. Eine gute Nische war das, und das Kraut schoss mannshoch, unbeachtet und umgeben von fast 200 anderen Arten. Eine Pioniervegetation, wie sie in der Innenstadt der Nachkriegsjahre auf abgeräumten Trümmerflächen weit verbreitet war.

Als der Bauzaun weg war, der Einkaufstempel stand, wurde das Schlagkraut nochmal auf einer Wiesenbrache in der Voßstraße gesichtet. Nun ist es verschwunden. Wind und Ameisen aber haben die Samenkörner sicherlich anderswohin getragen. Und tatsächlich: Kurz bevor das Buch in Druck gehen soll, Ende Juli 2019, entdeckt die Autorin viele kräftige Iva-Pflanzen an der Straße der Pariser Kommune Höhe Ostbahnhof. Beweis gefällig? Foto ganz unten.

Erstmals wurde der **Wanzensame** am Schöneberger Bahnhof bemerkt. Das war 1876. Ein kleines, etwas störrisch wirkendes Pflänzchen, optisch nichts Besonderes. Auf welchem Wege der Bewohner innerasiatischer Steppen nach Berlin kam, ist – wie bei den meisten Einwanderern – nicht bekannt. Er war einfach da. Und im Laufe der Zeit entstand ein ganz spezieller, der Schmalflügelige Wanzensame, *Corispermum leptopterum*, den es nur hier in Europa gibt. Seine Vorfahren lebten vielleicht in der Mongolei. Dort kugeln im Herbst massenhaft die vertrockneten Pflanzen über das weite Land.

■ Das Schlagkraut – zu Zeiten des Kalten Krieges eine Ostberliner Pflanze. Von der Brache am Leipziger Platz dann an den Bauzaun für die Shopping-Mall abgedrängt.

⑤ Blinde Passagiere

Es wird auch Kali-Salzkraut genannt – wegen des hohen Anteils an Alkalisalzen. Geerntet, getrocknet und verbrannt, wurden aus der Pflanze früher Pottasche und Waschsoda. Salzlauge, die dabei austropfte, diente zur Herstellung von Seife und Glas.

Später hatten beide Einwanderer auf dem „Unkrauthang" zwischen Kapelle-Ufer und Margarete-Steffin-Straße, nahe beim Hauptbahnhof, ein gutes Plätzchen gefunden, bescheiden zwischen vielen anderen Sand liebenden Arten. Sie mussten Bundesbauten weichen, das Bildungs- und Forschungsministerium ist hierhergezogen.

■ Salzkraut im Flaschenhalspark am Gleisdreieck

In Berlin hat der Wanzensame heute kaum noch Platz zum Herumkugeln. Anders war das nach dem Krieg, als es durch die Zerstörungen weite, offene Flächen gab. Da konnten sich Wanzensame und **Salzkraut**, ein anderer zugewanderter „Steppenroller", im Winde richtig austoben, z.B. auf dem aus Kriegsschutt entstandenen Teufelsberg im Grunewald. Dort rollerte *Salsola tragus* noch in den 1970er Jahren zu Hunderten über das Plateau.

Doch für Salzkraut und Wanzensame ist es noch nicht ganz vorbei in der City. Experten haben beide im Flaschenhalspark am Gleisdreieck entdeckt. Unter der Monumentenbrücke führt ein schmaler Pfad hinunter zum Zaun, der den Park von der Bahnstrecke trennt. Vorbei am Salzkraut, das mit seinen harten Stachelspitzen empfindlich stechen kann, tut sich plötzlich eine andere Welt auf: niedrige Kiefern auf sandigem Boden, ein Stück offener, junger Wald. Ein paar Schritte weiter wächst auch der Wanzensame, direkt aus dem trockenen Sand heraus. Wie genügsam! Und beeindruckend, dass selbst Pflanzen mit ganz besonderen Ansprüchen mitten in Berlin ihre Plätze finden! ■

■ Nomen est omen: Samen des Wanzensame, hier am Kapelle-Ufer im Jahre 2008

Berlin wird Metropole

Kaum zu glauben, aber Mitte des 19. Jahrhunderts konnte man Berlin in drei Stunden bequem umwandern. Doch zu jener Zeit war es dann auch bald vorbei mit der provinziellen Beschaulichkeit. In nur wenigen Jahrzehnten wandelte sich die Stadt so grundlegend wie niemals zuvor. Nicht nur die alte Struktur im Kern verschwand, die Stadt wuchs auch weit über die Zollmauern hinaus.

Durch Eingemeindung mehrerer Vororte wie Wedding, Gesundbrunnen und Moabit vergrößerte sich die Fläche Berlins um 60 Prozent. Alles veränderte sich. Es war die „Gründerzeit" mit ihrem ungeheuren wirtschaftlichen Aufschwung, durch den Firmengründer scheinbar über Nacht reich werden konnten. Zahlreiche Großunternehmen entstanden, wie die Maschinenbauanstalt Borsig, die Elektrofirma Siemens und die AEG. Warenhäuser, Banken und Markthallen schossen empor, neue Straßen und Brücken wurden gebaut, der Nahverkehr mit Straßenbahn und Omnibussen modernisiert.

Im Zuge der Industrialisierung strömten immer mehr Menschen, vor allem Landarbeiter aus Brandenburg, in die Stadt, hofften auf Arbeit in den neu entstandenen Fabriken. 1852 gab es rund 450.000 Einwohner. Nur 20 Jahre später, Berlin war gerade Hauptstadt des Deutschen Reiches geworden, wurde die Millionengrenze überschritten. Die meisten Berliner wohnten in mehrgeschossigen Häusern mit bis zu fünf Hinterhöfen – den Mietskasernen ohne jedes Grün.

Das Baumaterial kam aus der Mark. Insbesondere Ziegel wurden mit sogenannten Kaffenkähnen geliefert. „Berlin ist aus dem Kahn gebaut", heißt noch heute ein geflügeltes Wort. Aber auch Kies, Sand und Kohle wurden per Schiff transportiert. Schon durch die Kanalbauten des 17. Jahrhunderts war die Stadt mit Elbe und Oder verbunden, jetzt kamen neue, wichtige Wasserstraßen hinzu. Der Landwehrkanal sollte die Spree als Transportweg entlasten, der Spandauer Schifffahrtskanal die Route nach Osten verkürzen. Berlin wurde, nach Duisburg, zum zweitgrößten Binnenschifffahrtshafen Deutschlands.

Noch bedeutender für den rasanten Aufstieg zum Wirtschaftszentrum war aber ein völlig neues Verkehrsmittel – die Eisenbahn. Mit ihr konnten schneller noch mehr Massengüter mit dem In- und Ausland ausgetauscht werden. 1838 war die erste Strecke von Berlin nach Potsdam eröffnet worden. Innerhalb kürzester Zeit entwickelte sich die Stadt zum wichtigen Eisenbahnknotenpunkt. ■

■ Postkarte vom Potsdamer Platz, Aufnahme um 1904

Als Berliner registriert

Irgendwann ist jede Art von Pflanze in Berlin gesucht, gesehen und erfasst worden, egal woher sie stammt. Erstfund sagt der Botaniker, wenn sie zum ersten Mal an einem Orte ins Verzeichnis kommt. Wie der Kompass-Lattich, der im Jahre 1787 „offiziell" zu einer Berliner Pflanze wurde.

Carl Ludwig Willdenow will es genau wissen: Was alles wächst in Berlin? Die erste Berliner Lokalflora soll entstehen. Auf der Langen Brücke wird der **Kompass-Lattich** gesichtet und landet auf Seite 250 im „Flora Berolinensis Prodromus". Das heißt nicht, dass der Lattich vorher nicht da war, doch nun, Ende des 18. Jahrhunderts, ist *Lactuca serriola* festgeschrieben, als eine von 864 höheren Arten in Berlin.

Die Lange Brücke heißt heute Rathausbrücke. Als der Kompass-Lattich hier gefunden wurde, stand auf dem Mittelpfeiler der Steinbrücke noch das Reiterstandbild des Großen Kurfürsten. Das ist längst weg, nach Charlottenburg gezogen, und auch der Lattich verschwand, denn die in der DDR gebaute Betonbrücke bot ihm kein Stückchen Nährboden mehr. Als später, gleich nebenan, die Schlossruine freigelegt wurde, wuchs er massenhaft am Rande der Ausgrabungsstelle. Auch von dort wurde er wieder vertrieben, für eine gepflegte „Volkswiese", die die Zeit zwischen Palast-der-Republik-Abriss und Schlossneubau überbrücken sollte. Mit den Bauarbeiten dann begann für den Lattich wieder eine Hoch-Zeit – wie für viele Wildpflanzen auf jeder Baustelle. Ob, wenn alles fertig und das Humboldt-Forum eingezogen ist, *Lactuca* wieder verschwindet? Weil „Unkraut" hier dann unerwünscht ist?

Dabei gilt der Kompass-Lattich als Stammpflanze unseres Grünen Salats. Wenn dieser im Garten bis zu einen Meter hochschießt und Blüten bildet, ist die Verwandtschaft gut vorstellbar. Auf den Gedanken, den Vorfahr des Gartensalates zu pflücken, wird aber wohl niemand kommen. Essen kann man ihn zwar, doch nur die jungen Blätter. Die alten sind bitter, zäh – und stachelig. Die trockene Hitze des städtischen Sommers macht dem Lattich nichts aus. Mit einem genialen Trick erreicht er, dass die Mittagssonne nur die Blattkanten trifft. Sie gehen in „Kompass-Stellung": Die Blattfläche steht senkrecht, die Schmalseite zeigt nach Nord-Süd, parallel zur Sonneneinstrahlung. Ein wirkungsvoller Schutz ist das vorm Überhitzen und Verdunsten.

■ Auf der Unterseite der Blätter, auf der Mittelader, sitzen kleine Stacheln. Daher auch der andere Name: Stachel-Lattich.

Auf der Artenliste der Glaskräuter steht hinter Parietaria pensylvanica MUHL. ex WILLD. – ein Hinweis auf den Finder Mühlenberg und den Erstbeschreiber Willdenow.

Dicht an die alte Stadtmauer gekuschelt, hat das **Pennsylvanische Glaskraut** hier in Berlin-Mitte einen guten Platz, geschützt vor Sonne, Wind und Wetter – nicht aber vor dem Rasenmäher. Mal ist es also hier zu finden, ein andermal nicht.

Den geheimnisvollen Namen sieht man dem Brennnesselgewächs wahrlich nicht an. Versteht ihn aber, wenn man folgende Geschichte kennt: *„Parietaria pensylvanica is a quiet weedy plant except that it prefers a shade and not open ground."* Die Beschreibung, dass es die Unkrautpflanze schattig liebt und kein offenes Gelände mag, kam aus den USA auf die Anfrage hin, was es denn mit dem Neubürger auf sich habe. Hier in Berlin war die nordamerikanische Pflanze Anfang des 19. Jahrhunderts gelandet. Ein gewisser Herr Mühlenberg hatte einige Exemplare im Umschlag an Carl Ludwig Willdenow geschickt, denn der sammelte inzwischen Pflanzen aus der ganzen Welt und arbeitete an der 4. Auflage von „Species Plantarum", dem Pflanzenverzeichnis des schwedischen Naturforschers Carl von Linné, in dem erstmals jede Art einen zweiteiligen Namen bekommen hatte. Willdenow wollte das Werk erweitern.

Den Glaskraut-Samen aus dem Briefumschlag säte Willdenow im Botanischen Garten in Schöneberg aus und auch im Uni-Garten hinter der neu gegründeten Universität als Anschauungsmaterial für die Studenten. Aber wie bei vielen Pflanzen – sie bleiben nicht dort, wo man sie haben will. Irgendwann machte sich das Glaskraut auf, Berlin zu erobern. Weit kam es nicht, nur bis zur Königlichen Bibliothek, der heutigen Kommode auf dem Bebelplatz, wo es 1861 gesichtet wurde. Vielleicht aber ist es anderswo nur übersehen worden.

Erst nach dem letzten Krieg wanderte *Parietaria pensylvanica* langsam in weitere Stadtbezirke ein. Ist es dann erstmal da, setzt es sich fest, wie auf dem Molkenmarkt vor dem Alten Stadthaus. Hier hatte sich, zwischen den Ziersträuchern unter den Platanen, eine regelrechte Glaskraut-Kolonie gebildet. Die Platanen wurden gefällt, die Ziersträucher kamen weg und mit ihnen auch das Glaskraut. Doch im folgenden Frühjahr, im Mai 2019, schießt es auf der Fläche umso kräftiger wieder hervor. Und wird bleiben, bis Berlins mittelalterlicher Kern vielleicht so umgebaut ist, dass das Kraut aus Pennsylvania hier wirklich verschwinden muss. Dann tut`s eben ein Fahrbahnrand, wie an der Leipziger Straße gleich nebenan. ■

■ Die Asche dieser Pflanze wurde früher der Emaille beigemischt. Daher der deutsche Name Glaskraut.

Die Floren Berlins

Flora, die römische Göttin der Blumen, ist zugleich Namenspatronin für die gesamte Pflanzenwelt. Aber auch Aufzeichnungen, in denen alle Arten eines Gebietes aufgelistet sind, werden Flora (Plural: Floren) genannt. Seit 2012 gibt es nun ein aktuelles Verzeichnis aller wildwachsenden Farn- und Blütenpflanzen Berlins – den „Florenatlas". Fast 2.500 Arten, die jemals in der Stadt entdeckt wurden, sind darin verzeichnet.

Die Idee ist nicht neu. Schon frühzeitig interessierten sich Forscher dafür, was in ihrer Region wächst. Es begann 1578 mit dem Kräuterbuch von Leonard Thurneysser zum Thurn. Knapp 100 Jahre später, 1663, erschien die erste Flora für die gesamte Mark Brandenburg. Verfasser war der aus Frankfurt/Oder stammende Botaniker, Gartendirektor und Hofarzt des Großen Kurfürsten, Johann Sigismund Elßholtz, der „Vater der märkischen Botanik". Sein Katalog der Pflanzen, die „theils in den ansehlichen Kurfürstlichen Gärten der Mark Brandenburg, in Berlin, Oranienburg und Potsdam sorgsam angebaut werden, theils überall wild vorkommen", enthält insgesamt 1.451 Arten.

1787 veröffentlichte der spätere Universitätsprofessor Carl Ludwig Willdenow den „Florae Berolinensis Prodromus", eine Lokalflora Berlins. Auf fast 900 Quadratkilometern hatten er und seine Mitarbeiter 864 Arten entdeckt und erstmals auch deren Fundorte beschrieben. Ein Höhepunkt war 1864 Paul Aschersons „Flora der Provinz Brandenburg, der Altmark und des Herzogthums Magdeburg" mit einem Spezialteil zu Berlin. Sie war ausführlicher und genauer als alles bisher Dagewesene, fasste die bisherigen Erkenntnisse zusammen. Für 1.130 Arten vermerkte Ascherson neben der Fundstelle, ob es sich um einen Herbar-Beleg, also gepresste Pflanzen, handelt, ob er die Pflanze selbst gesehen hat oder wer sonst der „Entdecker" war.

Weitere Forschungen wurden im 2. Weltkrieg vernichtet, spätere Untersuchungen im gesamten Stadtgebiet durch die Teilung Berlins unmöglich gemacht. Erst nach der Wiedervereinigung begann in den 1990ern die floristische Durchforschung erneut. Eine unvorstellbare Arbeit. Rund 20 Jahre lang erkundeten mehr als 150 Wissenschaftler und Interessierte wie Detektive die wilde Berliner Pflanzenwelt. Ehrenamtlich. Zugleich wurden die historischen Schriften studiert und ausgewertet.

■ Birgit Seitz

Das Ergebnis – der „Pflanzenatlas". Auf fünfhundert Seiten berichtet er, wie sich die Flora über die Jahrhunderte verändert hat. Karten zeigen die Verbreitung der Pflanzen früher und heute. Bemerkenswert – seit der letzten Inventur 1864 hat sich die Zahl der gefundenen Pflanzen mehr als verdoppelt. Das hat was mit dem weltweiten Handel und der Klimaerwärmung zu tun, aber auch mit Fortschritten in der Forschung. Viele Arten können immer weiter aufgesplittert werden, und außerdem sind die „Fahnder" weit mobiler als damals.

Hauptverantwortlich für das Florenverzeichnis ist übrigens erstmals eine Frau. Die Botanikerin Dr. Birgit Seitz ist sozusagen die „Nachfolgerin" von Paul Ascherson. Mit dem Florenatlas erschien nach fast 150 Jahren erstmals wieder ein vollständiges Pflanzenverzeichnis für Berlin. ■

■ Herausgeber des Berliner Florenatlas ist der Botanische Verein von Berlin und Brandenburg 1859 e.V., 2012

7 Franzosenkraut · Portulak · Giersch

Kulinarisches vom Fußweg

■ Die Blüten des Franzosenkrauts: Fünf weiße Zungenblüten mit kleinen Zähnchen umgeben eine Vielzahl kleiner Röhrenblüten.

Wenn der Fahrradbesitzer wüsste, wie schmackhaft, mineral- und vitaminreichreich die Pflänzchen sind, wären sie wohl längst im Smoothie gelandet. Vor dem kleinen Kraftprotz kann sich der kultivierte Kopfsalat nur verstecken. Doch das hilft dem Franzosenkraut nicht gegen böse Schmähungen: Teufelskraut, Gartenpest, Scheißkraut – vielleicht sollte man es sich doch mal genauer anschauen...

Franzosenkraut – ein Kraut der Franzosen? Das wäre naheliegend, denn man kann einen wunderbaren Salat daraus zaubern. Und wo wird der besser zubereitet als in Frankreich, dem Heimatland der Wildkräuterküche. Doch sein Weg zu uns ist viel weiter. Ende des 18. Jahrhunderts wurde das Kleinblütige Knopfkraut, wie es eigentlich heißt, aus den peruanischen Anden nach Mitteleuropa gebracht. Es war die Zeit, da sich die Botanischen Gärten mit Pflanzen aus der ganzen Welt füllten. Die erste Beschreibung von *Galinsoga parviflora* stammte aus Paris. Von dort erhielt der Bremer Lehrer Franz Karl Mertens die Früchte und schenkte sie bald darauf seinem Freund, dem Arzt Albrecht Wilhelm Roth. 1806, so berichtete dieser, verwilderte die Pflanze in seinem Garten. Etwa zur gleichen Zeit machte sich das Knopfkraut auch aus dem Botanischen Garten in Karlsruhe auf den Weg in die Freiheit. Fast explosionsartig breitete es sich aus.

Da waren gerade die Franzosen im Lande, und das Heer Napoleons kam in Verruf, das Unkraut eingeschleppt zu haben. Schnell war der neue Name zur Hand: Franzosenkraut. Und außerdem: Ähneln die kleinen Blüten nicht irgendwie den Knöpfen an der französischen Uniform?

Das Pflänzchen war weit erfolgreicher als der Eroberer, hat die ganze Welt eingenommen. Kein Wunder, ein einziges kann bis zu dreißigausend Samen produzieren. Die beginnen schnell zu keimen, und schon vier Wochen später erscheinen die ersten Blütenkörbchen. So kann es

■ Es gab sogar polizeiliche Verordnungen, zuerst 1865 in Hannover, zur Bekämpfung des Franzosenkrauts. Bei massenhaftem Auftreten kann es die Kartoffelernte mindern.

7 Kulinarisches vom Fußweg

■ Giersch wird auch Geißfuß genannt, wohl wegen der Form der einzelnen Blattabschnitte.

■ Die nahe Verwandtschaft des Portulaks mit den Kakteen ist gut zu erkennen. Alle seine oberirdischen Teile sind nutzbar, vom Stiel über die Blätter bis zu Knospen und Blüten.

zwei bis drei Knopfkraut-Generationen geben im Jahr. Rausreißen und wegwerfen hilft nicht viel, denn selbst unterentwickelte Samen werden noch reif. Und warum auch entsorgen? Wildkräutersalat aus Knopfkraut, Bärlauch, Bier und Speck soll ausgesprochen schmackhaft sein.

Wenn in den Ritzen der Gehsteige kräftige, rötliche Stängel entlangkriechen, dann könnte das **Portulak** sein. Nahe dem Potsdamer Platz wurde er gesichtet, in einem Pflanzkübel in der Voßstraße hat er sich mal breit gemacht, auf dem Pflasterweg am Haus der Kulturen der Welt tauchte er auf und sogar im Rindenmulch hinter der Staatsbibliothek in der Potsdamer Straße.

Der Kakteen-Verwandte kommt mit vielen Bodenarten klar, ob Acker oder Schutthalde, Straßenrand oder Weinberg. Variabel ist auch seine Gestalt: Er kann kriechen und in die Höhe wachsen.

Einst ein beliebtes Wildgemüse, ist *Portulaca oleracea* heute kaum bekannt. Jahrtausende lang wurde er gegessen, roh oder gekocht, in Kräuterbutter oder Quark. Säuerlich schmecken die jungen Blätter, etwas salzig, nussartig. Doch zum Essen wird sie wohl niemand in der Innenstadt ernten – oder?

Auch der **Giersch** lässt es sich nicht nehmen, mitten in der City zu wohnen, wie am Tiergartenrand. Nirgendwo aber erntet er freundliche Blicke, wo ist der Buhmann des Gärtners schon gern gesehen? Versuche, ihn loszuwerden, scheitern meist kläglich, sein kriechender Wurzelstock macht ihn fast unausrottbar. Doch wer seine Geheimnisse kennt, wird ihn mit anderen Augen betrachten. Schon die Neandertaler nutzten ihn. Und Pollenanalysen ergaben, dass *Aegopodium podagraria* auch ein „Gemüse der Eisenzeit" war. Bei Kelten und Germanen sollten neun Zauberpflanzen, die ersten heilkräftigen wilden Kräuter im Jahr, zu denen der Giersch gehört, den Winter aus dem Körper treiben. Ein Brauch, den die Christen übernahmen. So bekam die Gründonnerstags-Suppe ihren festen Platz in der Karwoche vor Ostern, mancherorts bis heute. Als Gemüse- und Heilpflanze wurde Giersch im Mittelalter eigens angebaut. In Russland säuerte man die Blattstiele wie Sauerkraut in Bottichen ein. Mittlerweile aber ist eines der ältesten und wohlschmeckendsten Gemüse zu einem verhassten Kraut geworden.

Gerade wird das Doldenblütengewächs wieder entdeckt, wie andere Wildkräuter auch. Selbst im Berliner Stadtzentrum kann man seinen Blick für Giersch, Franzosenkraut & Co. schon einmal schärfen. ■

Geschmack der Wildkräuter

Vielleicht lässt Ihnen ihr Anblick nicht gerade das Wasser im Mund zusammenlaufen und vielleicht haben sie Ihre Küche noch nie von innen gesehen – die Wildkräuter. Ist das nicht erstaunlich bei dieser Vielfalt? Rund 500 essbare Wildpflanzen wachsen in Berlin. Und sie sind gesund. Heute, wo Ernährungswissenschaftler Alarm schlagen wegen zu reichhaltiger und zu fetter Kost, sind wir, was ihre wertvollen Inhaltsstoffe betrifft, oft völlig „unterernährt". Sie enthalten Vitamine, ätherische Öle, Mineral- und Bitterstoffe, also eigentlich alles, was wir für unser Wohlbefinden brauchen.

Wer aber kennt schon die „wilden Kostbarkeiten" am Wegesrand? Seit Jahren bietet die Grüne Liga deshalb in jedem Frühjahr Kräuterwanderungen in und um Berlin an, inklusive kulinarischer Tipps: Das Franzosenkraut wird von Mai bis September geerntet. Dabei kneipt man einfach die oberen vier Blätter mit den kleinen Blüten ab. Das leicht nussartige Aroma verleiht Rohkostsalaten eine besondere Nuance. Man kann es aber auch wie Spinat zubereiten oder als Gewürz für Gemüsegerichte und Eintöpfe nutzen. Es ist sehr eiweißreich, enthält viel Vitamin A und C, darüber hinaus Kalzium, Magnesium und Eisen.

■ Kräuterwanderung mit Elisabeth Westphal

Der petersilienähnliche Geschmack des Giersch passt ausgezeichnet zu allen Kartoffelgerichten. Vom Frühjahr bis zum Herbst kann man die jungen, hellgrünen, leicht gekräuselten Blättchen pflücken. Ihre Hauptinhaltsstoffe sind Vitamin C, Carotin, Kupfer und Mangan. Sie helfen gegen rheumatische Erkrankungen, Gicht und Arthritis. Und weil er so wohlschmeckend ist, hier kurz die Anleitung für einen Giersch-Kartoffelsalat (für eine Person): 3 Kartoffeln, 80 g Gierschblätter, 20 g Sauerampferblätter, 1 kleine Möhre, 2 EL Olivenöl, Meersalz, 6 EL scharfe Tomatensoße. Die Kartoffeln kochen, schälen und in Scheiben schneiden. Die Möhre fein raspeln. Giersch und Sauerampfer zerkleinern und zum Gemüse geben. Olivenöl und Tomatensoße hinzufügen, mit Salz abschmecken.

Die Blätter des Portulaks sammelt man von März bis Juni, die Blüten ab Juli. Auch sie enthalten viel Vitamin C, schmecken leicht salzig und erfrischend. Seine Blätter können wie Spinat gedünstet, die Blütenknospen anstelle von Kapern verwendet werden.

Sind Sie auf den Geschmack gekommen? Wer mehr über die „kostenlose Gesundheit" erfahren möchte, dem empfehlen wir das Buch von Elisabeth Westphal „Wildkräuter" aus dem Packpapierverlag. ■

Infos zu Kräuterwanderungen der Grünen Liga Berlin unter Tel. 030 443391-0

8 Loesels und Ungarische Rauke · Nachtkerze · Brennnessel · Topinambur

Pflanzen gegen den Hunger

Raps im Prenzlauer Berg? Was da neben der Litfaßsäule mit Bierreklame hochschießt, sieht nicht nur ähnlich aus, hatte einst auch einen ähnlichen Zweck: Öl aus der Pflanze zu machen. Wilde Rauke-Arten waren es, die in Kriegszeiten beim Überleben halfen. Als es kein Rapsöl zu kaufen gab.

■ Die kräftig gelben Kronblätter von Loesels Rauke. Die Blüten der Ungarischen Rauke sind heller.

■ Schoten und Samen von Loesels Rauke

September 1944. *Sisymbrium altissimum*, die **Ungarische Rauke**, hat sich richtig breitgemacht, nun reifen massenhaft die Schoten heran. Südlich von Berlin wird versucht, die kleinen Samen zu sammeln. Ein mühsames Unterfangen, so leicht wie die schwarzen Körnchen sind. Nach einer halben Stunde ist ein Kilo zusammen. Daraus will man in der Tempelhofer Firma Edeleanu, einer Tochtergesellschaft der Deutschen Erdöl AG DEA, mittels Soxhlet-Extraktion mit Hexan Fett gewinnen.

Als ein Jahr später im August die Schoten fast reif sind, wird bei der DEA entschieden: Jetzt machen wir richtig was draus. Die Angestellten sammeln in ihrer Freizeit die Samen. Die werden in einer Mohnmühle zerquetscht und mit einer hydraulischen Presse ausgepresst. Man hütet sich, dieses Wissen weiterzugeben. Wo gibt es in diesen kargen Zeiten schon eine bessere Quelle für Pflanzenfett? So wird der Rauke-Samen zwei Jahre lang ohne Konkurrenz geerntet. 20 Prozent des abgelieferten Gewichtes bekommt jeder in fertigem Presböl. Im Winter 1945/46 werden fast vier Tonnen *Sisymbrium*-Samen verarbeitet, zu einem wohlschmeckenden, hellzitronenfarbigen Öl.

Sammelversuche gab es auch mit Springkraut und einer Klettenart. Doch mit einem Fettgehalt von 36 bis 39 Prozent war die Rauke im Berliner Raum die bestgeeignete Wildpflanze zur Fettgewinnung. Das sprach sich dann doch herum.

Pflanzen gegen den Hunger

1948 gab die Spandauer Ölmühle bekannt, dass sie Samen des „Wilden Raps" zur Ölgewinnung annimmt. Wie einfach ist es doch, heute in den Laden zu gehen und Rapsöl zu kaufen. Die vielen gelben Rauke-Pflanzen in der Stadt erinnern an eine andere Zeit.

Auch eine Gelbblühende war es, die in Notzeiten ganz andere Geschmacksnerven traf. Ob sie die auch befriedigte, sei dahingestellt. Die Wurzeln der **Gewöhnlichen Nachtkerze** jedenfalls halfen gut gegen Hunger. Dem Volksglauben nach gibt ein Pfund Wurzeln mehr Kraft als ein Zentner Ochsenfleisch.

„Schinkenwurzeln" werden sie auch genannt. Das klingt zwar appetitlich, ist aber wohl nur ihrer rötlichen Farbe am Wurzelhals geschuldet. Geerntet wird im ersten Jahr, vom Herbst bis ins Frühjahr hinein, wenn sich unter der Blattrosette die kräftige, rübenförmig verästelte Wurzel gebildet hat, die oben bis zu fünf Zentimeter dick werden kann. Am besten bereitet man sie, so wird heute empfohlen, wie Schwarzwurzeln zu und mischt sie mit anderem Gemüse. Pur gegessen, die Autorin hat es versucht, schmecken sie ziemlich bitter.

Nicht nur in Notlagen besinnen wir uns auf unsere „Wurzeln", auch in Zeiten des Überflusses. Also einfach mal Folgendes probieren: waschen, schaben und in Salzwasser weich kochen. Sind die Wurzeln erkaltet, in dünne Scheiben schneiden, gehackte Nüsse und Äpfel, Öl und Salz dazu – und fertig ist ein Nachtkerzensalat.

Oenothera biennis blüht erst im zweiten Jahr ihres Lebens, dann nämlich wandert die Kraft aus den Wurzeln in die langen Stängel, die von Juni bis August mit gelben Blütenköpfen geschmückt sind. Gegen 18 Uhr, daher ihr Name, öffnet die Nachtkerze ihre Blüten, in fließender

■ Die Kronennachtkerze ist in Berlin entstanden und bisher hauptsächlich hier zu finden.

■ Die Wurzel der Nachtkerze ist nur im ersten Jahr nährreich.

Pflanzen gegen den Hunger

■ Brennnessel-Ansammlungen verraten die „Pinkelecken" Berlins. Hier besser aufs Ernten verzichten.

Bewegung und oft innerhalb weniger Minuten, so schnell wie das keine andere Pflanze Mitteleuropas kann. Die Kelchblätter reißen mit deutlichem Knistern auf, danach entfalten sich die eingerollten Kronblätter. Der intensive süßliche Duft, den wir als fast aufdringlich empfinden, lockt Nachtfalter an. Sie treffen etwa eine halbe Stunde nach dem Öffnen der Blüten ein, wenn der Geruch am intensivsten ist.

Auch was nach dem Blühen kommt, ist zu gebrauchen: Gerösteter Nachtkerzensamen kann als Kaffee-Ersatz dienen. Die Stängel mit den reifen Fruchtkapseln werden einfach geschüttelt, und der Samen fällt wie himmlisches Manna in ein Tuch.

Heute hat die **Brennnessel** wenige Freunde. Eltern mahnen ihre Kinder, sie nicht anzufassen, weil`s brennt. Dabei hat *Urtica dioica* wirklich beachtenswerte Eigenschaften, kann sich nicht nur kraftvoll wehren, sondern auch äußerst nützlich sein. Die Menschen haben sich immer wieder auf die gesunde Kraft der Widerborstigen besonnen. Und sie war ja auch immer in der Nähe. Ob Hausruinen, Abfall- und Schuttplätze – wo viele Nährstoffe im Boden sind, vor allem Stickstoff, ist die Brennnessel schnell da.

Feinsäuerlich schmecken die jungen Triebe, sind bestens geeignet für einen Salat. Aber auch als Spinatersatz mussten die Blätter herhalten. Suppe aus dem vitaminreichen Kraut wärmte den Magen. Butter, Fisch und Fleisch wickelte man zum Frischhalten in Brennnesselblätter ein, denn die Wirkstoffe verhindern die Vermehrung bestimmter Bakterien. 1902 wäre das einer Berliner Milchhändlerin fast zum Verhängnis geworden. Man fand *Urtica*-Blätter in ihrer Milch und klagte sie wegen Lebensmittelverfälschung an. Doch es gab Freispruch mit der Begründung, dass dies ein „allgemein geübtes Verfahren" sei.

Im Krieg wurden infizierte Wunden auch mit Brennnesselblättern verbunden. Ihre leicht keimtötende Wirkung sollte die Heilung beschleunigen. Ganz zu schweigen von den nützlichen Fasern. Um 1900 war Nesselstoff das „Leinen der armen Leute". Und auch zum Färben ist die Brennnessel geeignet: Wolle wird durch ihre Wurzeln wachsgelb. Die oberirdischen Pflanzenteile zaubern, mit einigen Tricks, ein kräftiges Graugrün.

Bei Windstille kann man die „Explosionen" der Blüten beobachten. Die männlichen sehen wie kleine geballte Fäuste aus. Die „Finger", eingekrümmt und unter Spannung, sind die Staubfäden, die sich plötzlich strecken und ihren Pollenstaub mit einem knackenden Geräusch in die Luft schleudern. Mit ihrem verzweigten Wurzelgeflecht kann sich die Brennnessel über viele Jahre gegen alle anderen Pflanzen behaupten. Rasenmäher können ihr nicht den Garaus machen, da wird ihr nur immer mal wieder der Kopf abgeschnitten. Nur Rausreißen hilft.

■ Die Brennhaare sind lange Röhren mit einer harten, spröden Spitze. Die bricht beim Berühren ab und bohrt sich in die Haut. Dabei fließt ein ameisensäurehaltiger Saft in die Wunde, die brennt und sich entzünden kann. Der „Fuß" der Brennhaare ist elastisch. Also kleiner Trick: Am Stängel kräftig von unten nach oben ziehen, dann lässt sich die Pflanze schmerzfrei pflücken.

Tatsächlich, es ist eine Sonnenblume, nur dass man von der einen Art die Kerne isst, von dieser hier die Knollen. Davon erzählen die vielen Namen, die dem **Topinambur** gegeben wurden: Erdbirne und Erdapfel, Erdartischocke und Ewigkeitskartoffel, Indianerknolle und Ross- und Süß- und Zuckerkartoffel. Furzwurzel.

Eher für eine schöne Zierde hält man die Verwilderungen in der Stadt, doch dafür ist die Pflanze nicht nach Europa gekommen. Während einer Hungersnot in Nordamerika hatte die Pflanze französischen Auswanderern das Leben gerettet. 1610 schickten sie einige der unbekannten Knollen nach Europa, in die „Hauptstadt der Küche" nach Paris – und in den Vatikan, wo Wunder aller Art gesammelt wurden. Die Franzosen nannten sie *topinambour*, nach einem brasilianischen Indianerstamm, der gerade zu Besuch war. Die päpstlichen Gärtner aber gaben ihr den Namen *girasole articiocco*, Sonnenblumen-Artischocke.

Auf dem Speisezettel standen die Knollen weit oben, bis sie Mitte des 18. Jahrhunderts von der Kartoffel verdrängt wurden. Als Reserve für Notzeiten aber waren sie immer gut. An den unterirdischen Ausläufern bilden sich im Juli und August längliche Knollen, die reich an Kalium, Phosphor, Kalzium, Magnesium und Eisen sind. Gekocht schmecken sie angenehm nussig, artischockenähnlich und süßlich.

Essen hin, Nutzen her, Topinambur kann auch Probleme machen. Er verwildert gern und verdrängt andere. Aus den Knollen treiben im nächsten Frühjahr neue Sprosse. So kann die „Kleine Sonnenblume", die sich nur unterirdisch vermehrt, in andere Pflanzengesellschaften eindringen, sic regelrecht unterwandern. Und weil Topinambur schnell hoch wächst, mickern andere in seinem Schatten. Doch man schaut ihn gern an und außerdem: Das einstige Armeleute-Essen gibt es heute im Bio-Laden und gefällt unseren verwöhnten Zungen als Püree, als Chips, Gratin, Suppe oder gerieben im Salat. ∎

Pflanzen gegen den Hunger

Die letzten Kriegstage und danach

Es war am Vormittag des 3. Februar 1945, einem Sonnabend. 937 „fliegende Festungen", begleitet von 613 Jagdflugzeugen, bombardierten die Berliner Bezirke Mitte, Kreuzberg, Friedrichshain und Wedding. 2.200 Tonnen Sprengstoff zerstörten zahlreiche Regierungsgebäude, darunter die Reichskanzlei und das Gestapo-Hauptquartier, das Schloss, den benachbarten Dom, Bahnhöfe und Kirchen. Die Charité wurde getroffen, das Rote Rathaus, die Museumsinsel. Es war der schwerste Luftangriff auf Berlin.

Alles ging rasend schnell, in nur einer knappen Stunde starben mehrere tausend Menschen. Die Hälfte des Wohnraums sank in Schutt und Asche, rund 120.000 Berliner waren plötzlich obdachlos. Wer den Bombenhagel überlebte, kämpfte nun gegen Kälte und Hunger. Im Frühjahr 1945 brach die Lebensmittelversorgung fast völlig zusammen. Ein Erwachsener bekam Ende März, wenn die Zulieferung überhaupt noch funktionierte, pro Woche anderthalb Kilogramm Brot, ein halbes Pfund Fleisch, 125 Gramm Fett und dieselbe Menge Zucker. Alle drei Wochen gab es 100 Gramm Kaffee-Ersatz, etwas Käse und 225 Gramm „Nährmittel" wie Teigwaren. In einer Richtlinie vom 5. April propagierten die Ernährungsexperten der Nazis „neuartige Lebensmittel" wie Rapsbrot, Baumrinde, Kastanien, Kaffee aus gerösteten Eicheln, Gräser, Wildpflanzen, Wurzeln.
In ihrer Not waren die Berliner erfinderisch. Sie nutzten die unbewohnbar gewordenen Flächen ebenso wie verwüstete Parks und Plätze zum Anbau dringend benötigter Nahrungsmittel. Im Oktober 1945 erließ der Berliner Magistrat die sogenannte Brachlandverordnung, die landwirtschaftliche Produktion auf allen nicht bebauten Flächen direkt anordnete. Und so wurden die Berliner zu Bauern und Gärtnern. Schafe und Ziegen weideten im Charlottenburger Schlosspark, rote Rüben wuchsen auf dem Olivaer Platz, Petersilie auf der Weißenseer Radrennbahn. Auch die Innenfläche der Mariendorfer Trabrennbahn wurde für den Gemüseanbau genutzt. Ebenso der Tiergarten. Durch Luftangriffe und Bodenkämpfe war er schwer beschädigt. Kohle- und Brennholzmangel trieb die Berliner dazu, weitere Bäume und Sträucher zu schlagen. Von 200.000 Bäumen blieben ganze 700. Auf den freien Flächen entstanden Parzellen. Hier gediehen vor allem Kartoffel und Kohl. ∎

∎ Westberlin 1946: Frauen bei der Kartoffelernte im Tiergarten. 10.000 Zentner Kartoffeln wurden im Herbst geerntet.

9 Klebriger Gänsefuß · Natternkopf · Wilde Möhre · Steinklee · Rainfarn · Kanadische Goldrute · Land-Reitgras · Waldrebe

Von der Brache zur Adresse

■ Der Gänsefuß fühlt sich klebrig an, wegen der dichten drüsigen Haare.

Ein paar „unkultivierte" Reste gibt es noch in der City-Ost, doch die Zeit der großen freien Flächen ist vorbei. Was machen Pflanzen, wenn sie von Shopping-Malls und Wohnanlagen vertrieben werden? Finden sie Ausweichquartiere? Und ist es denn nicht eher toll, dass Brachen verschwinden, die doch für die Allermeisten eher Schandfleck sind als spannendes Biotop?

Dem **Klebrigen Gänsefuß** ging es so gut auf der abgeräumten Trümmerfläche, wo vor dem Krieg das Wertheim-Kaufhaus stand. Eine Pioniervegetation wie vielerorts in der Nachkriegszeit hatte sich gebildet. Im Jahre 2002 wurden zwischen Wilhelm-, Voß-, Leipziger- und Ebertstraße von begeisterten Botanikern immerhin 195 Pflanzenarten gezählt, ein buntes, oft kleinwüchsiges Durcheinander auf kargem Boden.

Auf der anderen Seite der Leipziger Straße, vor dem Bundesrat, erfreuen je nach Jahreszeit Azaleen und Hortensien in Riesentöpfen die Vorbeieilenden, umrahmt von Hecken-Quadraten, aus denen kein Zweig zu weit herauswachsen darf. Geformte, ordentliche Natur. Die Unordnung gegenüber, hinter dem Maschendrahtzaun, hat eher Stirnrunzeln hervorgerufen. Nun ist es ja sowieso vorbei. Die Mall of Berlin deckt das alte Wertheim-Gelände zu.

Doch *Dysphania botrys* wusste sich zu helfen, der Gänsefuß wollte sich nicht einfach vertreiben lassen. Schließlich ist er eine Berliner Besonderheit und hat es also verdient, eine der feinsten Adressen der Stadt zu bewohnen. So sind seine klebrigen Samen in die Voßstraße gewandert und haben hier tatsächlich einige freie Stellen zum Keimen gefunden. Vor allem in den großzügig angelegten Vorgärten aus späten DDR-Zeiten, die von den Bewohnern gepflegt werden. Da wird zwar auch mal der Gänsefuß mit rausgerissen, damit die „Angepflanzten"

Wegen seines starken aromatischen Geruchs wurde der Klebrige Gänsefuß früher gegen Motten und Küchenschaben eingesetzt.

■ Blick vom Kanada Haus auf das ehemalige Wertheim-Gelände am Leipziger Platz 2006. Auf der Brache steht heute die Mall of Berlin.

■ Rohbodenpioniere: Kamille (links) und Färberresede (unten)

gut wachsen können. Doch vorn, direkt am Fußweg, hatte er gute Chancen. Hier ist die Muttererde-Schicht so dünn, dass nur *Dysphania* und andere genügsame Wilde damit klarkommen. Wenn sie nicht von Hunden durchwühlt, zertrampelt, weggerecht werden – wie im Frühjahr 2019. Zur gleichen Zeit aber tauchte er in Reichstagsnähe auf, gibt sich also noch nicht geschlagen im Herzen Berlins.

Außer in Berlin wurde er nördlich der Alpen dauerhaft nur in Mannheim und auf den brennenden Kohlehalden von Lille in Nordfrankreich gesichtet, anderswo nur unbeständig. Denn eigentlich kommt er aus weitaus wärmeren Gefilden, trockenen Gebieten des Mittelmeerraumes und Asiens.

Zum ersten Mal war der Klebrige Gänsefuß 1896 in Berlin bemerkt worden, im Jahr der Berliner Gewerbeausstellung. Seine große Zeit aber kam nach dem 2. Weltkrieg. Das zerstörte Zentrum bot ihm alles, was er braucht: sandige Substrate, offene Flächen und Wärme. Plötzlich war da viel Platz für Ruderalpflanzen wie ihn. Ruderal – das kommt von lat. *rudus*, was so viel heißt wie Schutt, Gesteinstrümmer oder Mörtel. Solche Böden liebt der Gänsefuß. Und außerdem kam ihm zupass, dass es mitten in Berlin mehr frostfreie Tage als im Umland gibt. So machte er sich richtig breit, überzog ganze Trümmergebiete, überall dort, wo es sandig war.

Falls der Mensch ihn nicht vertreibt, beginnt sein natürlicher Rückzug, wenn andere den einjährigen Gänsefuß nicht mehr ans Licht lassen, ihm Gräser, Natternkopf und Goldrute über den Kopf wachsen. Dann ist sein Pionierdasein an dieser Stelle beendet.

So müssen die Liebhaber des Rohbodens immer auf dem Sprung sein, frische City-Brachen gibt es meist nicht lange. Dem

■ Wilde Möhre im Park am Nordbahnhof.

und nach und nach auch die farbenfrohen Halbtrockenrasen und Hochstaudenfluren verschwinden lassen. Es ist der Lauf der Natur.

Die Übergänge sind fließend, und irgendwo zwischen „noch sandig" und „schon begrast" wächst der **Natternkopf**, sein leuchtendes Blau verrät ihn schnell. Das Borretsch-Gewächs wird auch Blaustern oder Himmelsauge genannt. Natternkopf aber heißt er, weil die zweispaltige Narbe, die weit aus der Blüte herausragt, der gespaltenen Zunge einer Schlange ähnelt. Auch ohne Schlangenphobie aber sollten ihn Empfindliche nicht pflücken, denn *Echium vulgare* stachelt recht unangenehm. Die vielen kleinen Härchen lassen die Pflanze grau- bis blaugrün erscheinen.

Trotz Natternzunge und Borsten – man kann ihn essen: im ersten Jahr die Blattrosetten aus schmalen, lanzettlichen Blättern, die etwas nach Gurken riechen, im zweiten dann die jungen Sprosse. Das alles wie Spinat hergerichtet, oder nach Einlegen in Öl als Salat. Und die trichterförmigen Blüten sind eine attraktive Garnierung. Erst rötlich, werden die Knospen beim Aufblühen blauviolett. Die Bienen wissen, dass nur die rosa Blüten für sie reichlich Nektar haben.

Klebrigen Gänsefuß gefiel es auch auf der kleinen Hochebene zwischen Margarete-Steffin-Straße und Kapelle-Ufer, wo heute das Bildungs- und Forschungsministerium steht. Kleine Kamillen bevölkerten den Hang. Die Färber-Resede blühte hellgelb neben dem sperrigen Wanzensame, der Kleine Orant entwickelte reichlich Samen – eine ganz spezielle kleine Welt. Längst zugedeckt von Beton und Glas.

Doch auch ohne Bebauung wären die Rohbodenpioniere hier irgendwann verschwunden. Hätten andere Pflanzen sie verdrängt. Denn das Erdreich festigt sich, aus den Pflanzenleichen der letzten Jahre entsteht Humus, und ein immer dichteres Wurzelgeflecht durchzieht den Boden. Je länger eine Fläche brachliegt, desto größer werden die Pflanzen. Bis Sträucher und Bäumchen hochkommen

■ Die Blüte des Natternkopfs – sie scheint tatsächlich zu züngeln.

Und die Menschen wussten einst, dass die Blätter „wollüstig" machen, zumindest erzählen das alte Kräuterbücher. Es ist – wie bei allen Rauhblattgewächsen – die Kombination von Kieselsäure, Vitaminen und Schleimstoffen, die zellverjüngend auf Knochen und Bindegewebe wirkt.

Die **Wilde Möhre** mit ihren hellen Dolden fällt nicht sonderlich ins Auge. Ihr Geruch ist es, der sie als „Mutter" der Speisemöhre verrät. Am liebsten schiebt sie ihre möhrenartige Wurzel, die allerdings weiß ist, in trockenen, durchlässig-steinigen Boden, bis zu 80 Zentimeter tief. Erst im zweiten Lebensjahr von *Daucus carota* wächst der gefurchte Blütenstängel hoch, und von Mai bis in den Sommer hinein ist er von reichlich Blüten gekrönt, die von Unmengen kleiner Käfer und Fliegen besucht werden. In der Mitte der Dolde sitzt oft ein schwarz-roter Fleck, die „Möhrenblüte", die die Pflanze gut kenntlich macht. Später dann, bei der Samenbildung, zieht sich die Dolde zusammen und ähnelt einem Vogelnest.

Der **Steinklee** gehört, genau genommen, in das nächste Stadium der Brachen-Entwicklung. Hochstaudenfluren haben schon Jahre wilden, ungestörten Wachsens hinter sich. Nahezu paradiesisch war es für unzählige Pflanzen in Nähe des einstigen Mauerstreifens – so zwischen Springer-Hochhaus und Alexandrinenstraße, wo Mitte und Kreuzberg sich treffen. Die zwei Steinklee-Arten *Melilotus albus* und *Melilotus officinalis* blühten hier kräftig weiß und gelb. Die kleinen Schmetterlingsblumen mit „Klappmechanismus" bilden lange Trauben und duften herrlich nach Honig. So sind sie für Kräuterkissen und Duftsträuße bestens geeignet, aber auch als Zusatz zu Kräuterkäse und Schnupftabak. In Notzeiten war der Gelbe Steinklee sogar Tabakersatz und wurde „Bahndamm, letzter Hieb" genannt. Imker nutzen den Honigklee, wie er auch heißt, gern als Bienenweide.

Die Blättchen, locker über die ganze Pflanze verteilt, ähneln dem allseits bekannten Klee. Meli – Honig und Lotos – Klee, der wissenschaftliche Name *Melilotus* erklärt sich ganz leicht.

Mit seinem ausgedehnten Wurzelwerk festigt der Steinklee Böden aus Bauschutt, Mörtel und Sand. Das ist gut für den **Rainfarn**. Denn der mag es etwas „deftiger", sandig-lehmig und nährstoffreich. Erkennbar ist er an den strahlenlosen Blüten, die wie kleine gelbe Knöpfe aussehen. Gülden Knöpfle oder Westenknöpf, nicht verwunderlich also sind die volkstümlichen Namen für *Tanacetum vulgare*. Die dunkelgrünen Blätter sind farnartig gefiedert. Im vollen Sonnenlicht sind sie

■ Natternkopf

■ Wilde Möhre mit schwarz-rotem Fleck

■ Steinklee

senkrecht nach Süden ausgerichtet. Einst galt der Rainfarn als vielseitiger Helfer. Die Zauberpflanze sollte vor Dämonen und unsichtbaren Geistern schützen. Zusammen mit Beifuß wurde Rainfarn in Tierställe gehängt, um die Luft zu reinigen. Weil das Kraut auch nach dem Trocknen noch einen intensiven Geruch

Die Rainfarn-Pflanze enthält stark riechende ätherische Öle. Manche mögen den kampferartigen Geruch, andere stößt er ab.

hat, hielt es in Schränken und Kommoden Kleidermotten fern. Und dass es auch Wurmkraut genannt wird, weist auf seinen Einsatz bei Wurmerkrankungen, Darmparasiten und Pilzinfektionen hin. Heute wird das nicht mehr praktiziert, auch weil größere Mengen zu Vergiftungen führen können. Eine Brühe aus frischen, blühenden Pflanzen aber hilft im Garten immer noch gegen Erdbeerblütenstecher, Milben und Himbeerkäfer, gegen Rostpilz und Mehltau. Auch einen Kräuterlikör soll man aus Rainfarn machen können.

Weit größer als der Rainfarn kann die **Kanadische Goldrute** werden. Mit bis zu zweieinhalb Metern ist sie eine unserer höchsten wild wachsenden Stauden. Dabei stammt sie, wie ihr Name vermuten lässt, gar nicht von hier. Mitte des 17. Jahrhunderts kam sie als Zierpflanze aus Nordamerika nach Europa, überwand aber schnell die Gartenzäune. Erstmals verwildert angetroffen wurde sie in Berlin im Jahre 1863. Längst ist *Solidago canadensis* zu einer der häufigsten und bekanntesten Wildpflanzen der Hauptstadt geworden. Was aber ist über sie heute noch bekannt? Dass ihre Blätter bis zu vier Prozent Kautschuk enthalten und sie deshalb versuchsweise angebaut wurde? Dass sie stark harntreibend wirkt und bei Nieren- und Blasenleiden hilft? Dass sie in Europa keine natürlichen Feinde hat, während sich in ihrer Heimat fast 300 Fraßinsektenarten von ihr ernähren?

Die Goldrutenart gilt als invasiver Neophyt, als problematischer Neubürger, der sich mit seinen unterirdischen Ausläufern stark ausbreiten und heimische Pflanzen verdrängen kann. Sei es drum. Man kann *Solidago* auch einfach als das üppige Gelb des Spätsommers genießen. Auf alten Brachen zum Beispiel.

Die sind auch ein Lieblingsplatz für das **Land-Reitgras**, das oft große Flächen überzieht. Denn seine Wurzelsprosse bilden im Boden einen dichten Filz, der das Eindringen anderer Pflanzen verhin-

■ Der Rainfarn wirkt „nackt", hat keine Zungenblüten.

■ Die Kanadische Goldrute wird noch heute als Bienenweide kultiviert.

■ Land-Reitgras

Sukzession ist die Abfolge verschiedener Lebensgemeinschaften an einem Ort: im Idealfall vom Rohboden, dem Initialstadium, bis zum Wald. Die Stadtbrachen bestehen aus einem bunten Mosaik verschiedener Sukzessions-Stadien.

dert. Es ist das Schluss-Stadium einer Sukzession, aus der kein Wald entstehen kann, weil selbst Baumkeimlinge keine Chance haben gegen *Calamagrostis epigejos*. Nahe am Springer-Hochhaus hatte sich eine solche Gras-Kolonie breitgemacht.

Doch Schluss war hier sowieso, als das neue Stadtquartier unterhalb des Spittelmarktes entstand, die mühsam „gewachsene" Erde abgetragen wurde. Heute erinnert nichts mehr an den Kampf der Pflanzen um ein passendes Plätzchen im alten Mauerstreifen.

■ Auffallend sind beide: Fruchtstände und Blüten der Waldrebe

Sie aber, die **Waldrebe**, schafft es immer wieder, wird nie verloren gehen im Großstadtdschungel. Ihre Früchte, Nüsschen mit langen, wie gefiedert wirkenden Haaren, fliegen als grauweiße Büschel umher und suchen neue, möglichst stickstoffreiche Stellen zum Keimen. Und dann fängt die Pflanze an zu klettern, dabei umklammern die Blattstiele ihre Stützen, ob Zaun oder Baum, die Stiele sind die Kletterwerkzeuge. Bis in die höchsten Wipfel kann sich die Liane hochhangeln. Da die verholzten Stängel sehr weite durchgehende Gefäße haben, waren sie früher bei Jungs für die ersten Rauchversuche begehrt. Armstark können die Stämme werden.

Auch für *Clematis vitalba* haben sich die Menschen schöne Namen ausgedacht. Hexenzwirn erinnert an die auffallenden federartigen Flugorgane. Herrgottsbart, Frauenhaar – und Waldstrick: Die zähen, strickähnlich aussehenden Stängel wurden tatsächlich verwendet zu mancherlei Bindezwecken und auch für Flechtwerk.

Eigentlich gehört die Rebe des Waldes in das Endstadium der Sukzession. Doch in der Stadt lebt eben alles irgendwie auch nebeneinander. So kann man an vielen Zäunen und Brückengeländern und Bäumen den Waldpionier in voller Pracht erleben. Im Spätsommer sogar eine Zeit lang mit den stark duftenden weißen Blüten und den grauhaarigen Fruchtständen an ein und derselben Pflanze. Sind die „Pinselblumen" dann verblüht, bleiben uns aber die hübschen „Federschweifflieger" erhalten – welch anschauliche Namen der Mensch doch den Pflanzenbestandteilen gegeben hat. Den ganzen Winter hindurch bis in das nächste Frühjahr hinein zieren die kleinen, hellen, wilden Büschel die Stadt – wenn kein starker Wind sie durch die Straßen weiterträgt... ■

Stadtökologie

Die Trennung von Stadt und Land ist in den Köpfen vieler Menschen noch heute verankert. Da ist auf der einen Seite die Kultur, auf der anderen die Natur, die freie Landschaft, auf die sich früher die ökologische Forschung konzentrierte. Grüne Flächen in der Stadt galten nicht als „richtige" Natur. Das änderte sich erst Anfang der 1970er Jahre, als innerhalb der Ökologie eine Wissenschaftsrichtung entstand, die sich mit der Natur in der Stadt beschäftigte. Und dass es in Berlin geschah, war kein Zufall.

Hier gab es viele Flächen, in denen sich Pflanzen jahrzehntelang unberührt von jedem menschlichen Eingriff entwickeln konnten, wie das sogenannte „tote Auge" von Berlin. Das Gebiet mitten in der Stadt, in dem 1945 mehr als die Hälfte aller Gebäude zerstört worden waren, umfasste etwa 25 Quadratkilometer. Auch der Potsdamer Platz mit dem Gelände des ehemaligen Personenbahnhofs gehörte dazu. Nach dem Bau der Mauer lag es im Niemandsland der getrennten Stadt, wurde später Teil Westberlins. Ein ideales Areal für wissenschaftliche Forschung, zumal die „Halbstadt" inmitten der DDR lag, Untersuchungen im Umland nur schwer möglich waren.

■ Prof. Herbert Sukopp erklärt die Pflanzenwelt im ehemaligen „toten Auge von Berlin", hinter dem Potsdamer Platz.

Erstmals analysierten Fachleute auf einer solch großen Fläche die Vegetation einer Stadt. Und die Ergebnisse waren unerwartet und neuartig. 176 Arten von Farn- und Blütenpflanzen entdeckten die Experten. Damals wurde der Begriff „Stadtökologie" geprägt, und einer seiner Begründer war der Botaniker Professor Herbert Sukopp. Ab 1974 leitete er viele Jahre den Studienzweig an der TU Berlin, und weltweit gilt die Hauptstadt als wichtiges Zentrum der Forschung

Die systematischen Untersuchungen der Pflanzen im Zusammenhang mit Boden, Luft, Wasser und Klima ließen immer deutlicher erkennen, dass Städte wie Berlin ein Flickenteppich aus unterschiedlichen Lebensräumen sind, die von charakteristischen, regelmäßig wiederkehrenden Arten besiedelt werden. Eine Vielzahl verschiedener Biotope auf engem Raum – ganz anders als in der heutigen Agrarlandschaft mit riesigen Monokulturen. Und so kann es kaum überraschen, dass die Artenvielfalt in der Stadt viel größer ist als auf dem Land.

Die Arbeit der Stadtökologen ist wesentliche Grundlage für das Berliner Landschaftsprogramm. Es versucht, Städtebau und Natur in Einklang zu bringen.

Die Berliner übrigens lieben Artenreichtum, wie das jüngste Ergebnis der Stadtökologie-Forschung belegt. Dabei wurden ca. 4.000 Menschen Fotos verschiedener Biotope mit mehr oder weniger großer Pflanzenvielfalt gezeigt. Die meisten fanden einen großen Arten-Mix am schönsten. ■

Die Halbwilden

Wie oft wird er verflucht, wenn er Zäune verunstaltet, andere Pflanzen umschlingt und zu erdrücken droht. Auf einer Beliebtheitsskala der Pflanzen würde der Wildgewordene wohl recht weit unten landen. Dabei hat er einst in Berlin für gute Stimmung gesorgt.

- Die gelben Becherdrüsen der zapfenartigen Blütenstände enthalten Lupulin. Das wird als goldgelbes Hopfenmehl dem Bier zugesetzt, zaubert den etwas bitteren, typischen Geschmack und verleiht dem Getränk Haltbarkeit.

- Wilder Hopfen umschlingt die Mühlendammbrücke.

Am Ende der Mühlendammbrücke zur Fischerinsel hin umklammert auch im Winter ein unansehnliches Gewirr holziger, langer Schlingen den Metallzaun. Der **Wilde Hopfen** verrät seine Anwesenheit übers ganze Jahr. Im Frühjahr, so kann man staunend im Regenwasser-Sammelbecken am Mauerpark beobachten, legen sich die zarten Triebspitzen sogar um glatte Schilfhalme. Wie sie da nur Halt finden können? Es sind Kletterhaare, feine Widerhaken, die ein Abrutschen verhindern. Bis zu sechs Meter können die Windesprosse erklimmen, egal ob ein Baum oder ein Betonmast als Stütze dient. Immer rechts herum wird gewunden – und dies ausgesprochen schnell, eine Umdrehung dauert nur etwa zwei Stunden. Da können sie in einer Vegetationsperiode ganz schön viel „umgarnen", bevor sie absterben. Und aus den weit verzweigten unterirdischen Sprossteilen schiebt der Hopfen im nächsten Jahr viele neue kletterwütige Triebe. Die Wuchernden wütend abzureißen, macht also nur kurzfristig Sinn.

Auf dem verwahrlosten Grundstück neben der Moltkebrücke ist das Hopfen-Leben seit vielen Jahren gut zu studieren. Wer zum Biergarten im Zollpackhof will, kommt, sicher unwissentlich, am verwilderten Rohstoff für sein Lieblingsgetränk vorbei.

Im Winter leuchtet durch den Maschendrahtzaun, um den sich die vertrockneten Hopfen-Stängel schlingen, das Kanzleramt durch. Später wird der Blick verdeckt von einem grünen Blättermeer, in dem sich im Spätsommer die unscheinbaren männlichen Blütenrispen verstecken. Viel besser erkennbar sind die Vertreter des Weiblichen: hellgrüne Zäpfchen. Es sind verwachsene Hochblätter, die die Blüten zur Reifezeit völlig verdecken. Darunter finden sich Drüsen mit Lupulin, einem scharf riechenden, bitter schmeckenden Stoff, dem sogenannten Hopfenbitter. Das gibt dem Bier Geschmack – und seine Haltbarkeit. Die antiseptische Kraft wurde übrigens zuerst entdeckt. Hildegard von Bingen beschrieb sie im Jahr 1153: *„putredines prohibet in amaritudine sua"* – seine Bitterkeit verhindert die Fäulnis.

Die Positiv-Liste des Hopfens ist lang: Bierwürze und Bakterientöter, Konservierungs-, Beruhigungs- und Betäubungsmittel. Er beugt gegen Krebs, Karies und Knochenschwund vor.

Die Halbwilden

■ Links der kletterfreudige Dreilappige und rechts der farbenfrohe Fünffingrige

■ Die Saugscheiben verkitten gleichsam mit der Unterlage. Fast ähneln sie den Füßen eines Laubfrosches.

■ Wilde Weinbeeren enthalten Oxalsäure und sollten lieber nicht gegessen werden.

■ Wein an Hausfassaden schluckt Staub, erhöht die Luftfeuchtigkeit und sorgt für angenehme Kühle.

Den Siegeszug aber, der ihn auch in Berliner Gärten führte, verdankt der Hopfen seiner Würze. Ende des 18. Jahrhunderts wurde er aus Berliner Hopfengärten sogar exportiert. Die waren dort angelegt worden, wo es der Pflanze besonders gut gefällt, an feuchten Stellen wie in Auen und Erlenbruchwäldern.

Auch wenn die heimischen Hopfengärten allesamt eingingen, *Humulus lupulus* ließ sich nicht mehr aus der Stadt vertreiben. Denn er passte sich an: War er früher an Feuchtgebiete gebunden, wächst er heute überall – auf Lehm, auf Sand, auf Trümmerboden. Fehlt in keiner Grünanlage, wuchert auf Spielplätzen und Friedhöfen, ein wild gewordener Berliner eben.

Wie langweilig wäre die Fassade des Kanzleramtes ohne den **Wilden Wein**, der sich im Herbst dunkelrot färbt, wie kahl die Mauern entlang des Kanzlergartens ohne das kletternde Grün. Man hat *Parthenocissus quinquefolia*, den Fünffingrigen, und die Dreispitz-Zaunrebe, *P. tricuspidata*, wohl ausgewählt, um grauen Beton verschwinden zu lassen. Der Dreilappige kann zudem weit nach oben klettern, gut fürs massige Kanzleramtsgebäude. Es sind kräftige Haftscheiben, die das möglich machen und die es mit fast jeder Oberfläche aufnehmen. In Österreich wird er deshalb „Mauerkatze" genannt. Neben dem Efeu ist der Wilde Wein des Deutschen liebstes Kind für die Fassadenbegrünung, ein Selbstklimmer, der keinerlei Hilfe braucht.

Auch auf mancher Mauer kriecht der Wein entlang, umschlingt sie liebevoll und bietet im Spätsommer seine kleinen, dunkelblauen Beeren dar, Vögeln und Insekten zum Fraß. Für uns Menschen sind sie eher ungenießbar und leicht giftig. Und warum sollten wir die Winzlinge auch kosten, verwöhnt von den großen saftigen Weinbeeren aus dem Supermarkt.

Anderswo in Berlin wächst auch der Echte Wein, *Vitis vinifera*. Wer im Prenzlauer Berg am Ende der Straßburger Straße zum Wasserturm hochsteigt, erlebt die Wiedergeburt einer jahrhundertealten Tradition. Von oben schweift der Blick über mehrere Weinreihen, die 2004 am Südhang der kleinen Erhebung gepflanzt wurden. Vierzig Rebstöcke vom „Wiener gemischten Satz", der aus Grünem Veltliner, Grauburgunder und Riesling besteht. Obwohl ein Schaugarten, dürfen Beeren hier schon auch mal genascht werden. Anderswo wird seit 2009 richtig wieder geerntet. Immerhin 2.200 Kilogramm vom Riesling waren es im sonnenreichen Rekordjahr 2018 im Volkspark Prenzlauer Berg. Die Weinlese ist öffentlich und ein kleines Fest, auf dem „Der Besondere", angeboten vom Weingarten Berlin e.V., natürlich auch genossen werden kann. Auch am Fuße des Kreuzberges und in Britz wird im Kleinen wieder angebaut. Prost also, Berlin. ■

Weinberge und Hopfengärten

Ein Winzerfest „Am Weinberg" im Bezirk Pankow? Das gibt's wirklich. Anderswo erinnern noch immer viele Namen in der Stadt an den einstigen erfolgreichen Traubenanbau. Da ist die Weinmeisterstraße in Mitte, der Kreuzberg im Viktoriapark, der einst kurfürstlicher, später königlicher Weinberg war, und natürlich der Prenzlauer Berg. Das hügelige Gelände trug im 19. Jahrhundert noch den Ottoschen Weinberg, gegenüber erhob sich der Leßmannsche, einer der ältesten. 1565 besaß Berlin mit seinen nur 12.000 Einwohnern immerhin 96 Weinberge und -gärten.

Besonders hoch hingen die Trauben nicht, denn nur 60 Meter ragt der Moränenhügel des Barnim empor, die Anhöhe des Teltows ist sogar noch etwas niedriger. Dennoch, viele hundert Liter Wein wurden jährlich gekeltert, und der kurfürstliche Leibarzt Johann Sigismund Elßholtz berichtet vom „gelblichen Schönedel von lieblichem Geschmack". Andere Sorten waren der Blankwelsche, der süße, kräftige Rehfall, der Rüßling, Rot-Welsch oder der Schillernde Traminer. Sie wurden nicht nur in der Stadt gern getrunken, sondern sogar nach Sachsen, Thüringen, Österreich, die Schweiz und ins Rhein-Moseltal exportiert. In der ersten Hälfte des 17. Jahrhunderts war die Blütezeit des Berliner Weinbaus. Auf rund tausend Hektar wurden die Trauben kultiviert.

Der kalte Winter 1740/41 mit Temperaturen bis zu minus 40 Grad aber vernichtete zahlreiche Rebstöcke. Missernten und Getreidemangel ließen dann aus vielen Weingärten Äcker werden. Nach und nach verblasste die Erinnerung an den heimischen Wein und seinen Geschmack.

■ Blick vom Wollankschen Weinberg um 1845

Berlin hat zudem eine lange Biertradition. Bereits im Spätmittelalter wurde der dazu benötigte Hopfen in der Stadt und auf den benachbarten Feldmarken angebaut, wie z.B. dem Hoppegarten. Eine typische Berliner Wortverstümmelung: Der Name „Pferderennbahn Hoppegarten" kommt nicht, wie man vermuten könnte, von „Hoppe, hoppe, Reiter", sondern vom dort gelegenen Hopfengarten. Wurde das Bier zunächst noch von den Bürgern hergestellt, übernahmen im 19. Jahrhundert Brauereien das Geschäft. Den benötigten Hopfen bezogen sie nun – weil er billiger war – aus Süddeutschland. ■

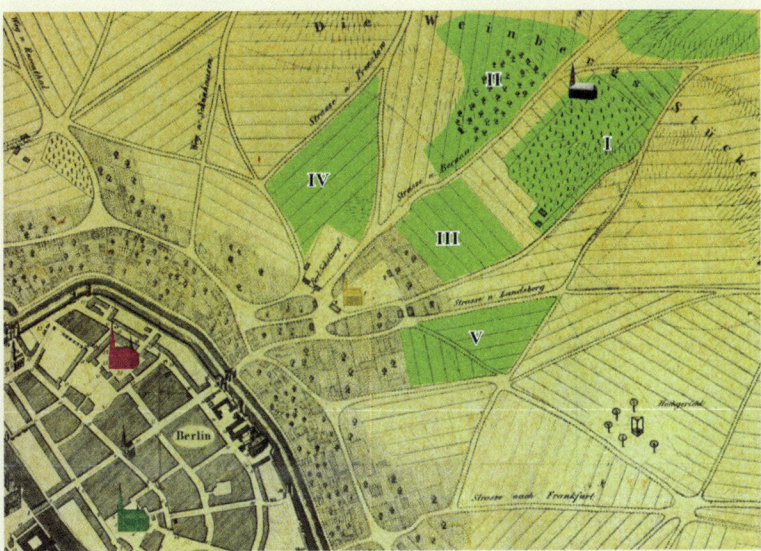

■ Berlin 1630 mit Weinstandorten: I. Leßmannscher Weinberg, II. Ottoscher Weinberg, III. Sametzkyscher Weinberg, IV. Stelzenkrugscher Weinberg, V. Derflingscher Weinberg

11 Rucola · Kleines Liebesgras · Sommerflieder · Gottesanbeterin

Mittelmeer-Flair

Wer kann die große Schar der Ristoranti in Berlin noch zählen? Wenn die Wirte wüssten, dass Rucola direkt vor ihrer Nase wächst ... Die Wärmeinsel Berlin nämlich gibt auch südländischen Pflanzen eine neue Heimat. Probieren Sie mal! Ein Blatt zwischen den Fingern reiben oder dran knabbern – es ist tatsächlich der italienische Modesalat.

■ Nicht gerade mitten in der Stadt, sondern von sauberen Standorten sollten die Rucola-Blätter für den Salat geerntet werden.

Fast auf Schritt und Tritt begegnet man **Rucola**, von einzelnen Pflanzen am Fahrbahnrand bis zu Massenansammlungen. Ursprünglich ein Bewohner des Mittelmeerraumes und recht wärmebedürftig, scheint *Diplotaxis tenuifolia* die Berliner Innenstadt wirklich sehr zu mögen.

Die kleinen gelben Blüten fallen beim Vorbeilaufen mehr auf als die bekannten schmackhaften Blätter. Kein Wunder also, dass Rucola unerkannt bleibt – und wer würde den Schmalblättrigen Doppelsame, so sein botanisch exakter Name, auch mitten in der Stadt vermuten? Viele Nährstoffe, viel Kalk und viel Wärme, alle seine Ansprüche werden hier erfüllt. Und so gibt es stellenweise bis in den Oktober hinein regelrechte Invasionen der Stinkrauke, wie die Pflanze auch genannt wird. Freundliche Farbtupfer in der dann längst herbstlich gestimmten Stadt. Auch wer sie erkennt, vom Straßenrand sollte man die Rucola lieber nicht essen.

Das **Kleine Liebesgras**, elegant hängt es aus den Mauerritzen am Spreeufer und trotzt der prallen Sonne. Wie halten die zarten Pflänzchen das nur aus? Auch sie kommen ursprünglich aus dem Gebiet des Mittelmeeres und wurden in die ganze Welt verschleppt. Die „Wärme-Gene" sind natürlich mitgewandert. Erkennbar ist das Kleine Liebesgras an seinen Ährchen, die ein wenig an geflochtene Zöpfe erinnern.

Auf sandigen Brachen schießt *Eragrostis minor* in Büscheln so in die Höhe, dass selbst Fachleute staunen. Ein ganz offensichtlicher Wohlfühl-Effekt im überhitzten Zentrum. Und am Bauzaun fürs Stadtschloss trotzt er, gegenüber vom alten Staatsratsgebäude, dem ununterbrochenen Verkehr. Zumindest solange hier noch gebaut wird.

■ Kleines Liebesgras hängt an der Spreemauer.

■ Rucola am Reichpietschufer

Mittelmeer-Flair

In den 1960er und 1970er Jahren, der Hoch-Zeit stadtökologischer Untersuchungen, wurde an 1.000 Messstellen der Grad der Überwärmung der Innenstadt ermittelt. Das Ergebnis: Krim-Linden blühen hier zehn Tage eher als an der kältesten Stelle im Grunewald.

■ Die Gottesanbeterin mag die rostigen Schienen im Schöneberger Südgelände.

■ Der Sommerflieder kann bis in den Spätsommer blühen. Die elegant überhängenden Blütenrispen gibt es auch in weiß, blau oder rosa.

Sommerflieder – schon der Name strahlt Wärme aus, und sein Anblick wärmt das Herz. Er wächst auch da, wo man die eigentliche Gartenpflanze gar nicht vermutet, auf Brachen und in Baulücken. Im Berlin der Nachkriegszeit wurde er als billiges Gehölz gern in die Außenanlagen von Siedlungen gepflanzt, schön wie er ist, duftend und noch in voller lilafarbener Pracht, wenn andere Ziersträucher schon längst verblüht sind. Heute ist er wieder modern: die Hecken-Absperrungen zum neuen Möckernkiez am Rande des Gleisdreieck-Parks sind mit Sommerflieder verschönt. Und im benachbarten „Öko-Schotter", wo alles wachsen darf was will, überragen einige der lila und weiß blühenden Sträucher die anderen wilden Bewohner der großen hingekippten Schotterflächen.

Es können Pflanzungen, aber auch Verwilderungen sein, die wir heute in der Innenstadt treffen. *Buddleja davidii* reicht ein Stück sandigen, trockenen Bodens.

Sein großes Licht- und Wärmebedürfnis aber muss befriedigt werden, sonst verschwindet er. Doch warum sollte er? Der „Glashauseffekt" der Metropole kommt ihm gerade recht. Und er, der Sommerflieder, kommt unzähligen Faltern recht. So wird er auch Schmetterlingsstrauch genannt – genauso schön wie sein eigentlicher Name.

Den allerbesten Beweis aber, dass die deutsche Hauptstadt eine Wärmeinsel ist, liefert ein Tier. Die **Gottesanbeterin** kann als eingebürgert gelten, so viele Generationen, wie sie hier schon hervorgebracht hat. Denn alt werden die Fangschrecken nicht: Das kleinere Männchen stirbt bald nach der Paarung. Und das Weibchen, hat es seine Eiablagepflicht getan, lebt gerade mal bis in die kalten Herbsttage.

Ins Schöneberger Südgelände ist *Mantis religiosa* vielleicht per Zug gekommen, vielleicht hat sie jemand ausgesetzt, die Fachwelt streitet. Egal. Seit vielen Jahren hält die Gottesanbeterin ihrem Biotop auf dem ehemaligen Güterbahnhof die Treue. Hier, zwischen Basaltschotter und alten Gleisen, klebt sie im Spätsommer ihre Oothek, 60 bis 100 Eier in einer Schaummasse, an Grashalme oder rostiges Metall.

Im Mai oder Juni schlüpfen die Larven. Sie ernähren sich von Blattläusen und kleinen Fliegen, die sich nur bewegen, wenn es warm und trocken ist. Nur dann können sie von den Mantis-Larven wahrgenommen und auch verspeist werden. Wärme ist für die Gottesanbeterin also überlebenswichtig.

In Mitteleuropa lebt sie eigentlich nur bis zum 51. Breitengrad. Berlin auf fast 52 1/5 Grad nördlicher Breite ist da eine Ausnahme, weil hier eben so ein „heißes Pflaster" ist. In Zeiten des Klimawandels aber wird es sie noch weiter nach Norden verschlagen. ■

Berlin als Wärmeinsel

Wer im Frühjahr vom Stadtrand in Berlins Zentrum fährt, macht eine erstaunliche Entdeckung: In der City grünt und blüht es eher. Schon seit mehr als 100 Jahren weiß man, dass es in großen Metropolen wie Berlin wärmer ist als im Umland. Bis zu zehn Grad Temperaturunterschiede wurden bereits gemessen. Doch woran liegt das?

Eigentlich ist es ganz einfach. Die Gebäude und Straßen speichern die Wärme des Tages besser als beispielsweise eine Wiese oder der Wald. Beton und Asphalt laden sich auf wie ein gewaltiger Akku. Pflanzen können das abmindern. Sie spenden Schatten und entziehen durch Verdunstung ihrer Umgebung viel Energie.

Nachts kühlt es in den aufgeheizten Innenstädten nur wenig ab, da die gespeicherte Wärme wieder freigegeben wird. Zudem bremst dichte Bebauung einen Luftaustausch mit dem kühleren Umland. Die Erwärmung ist umso stärker, je näher man dem Stadtzentrum kommt und je größer die Stadt ist. „Wärmeinseleffekt" nennen Wissenschaftler dieses Phänomen.

Die Berliner Innenstadt zählt heute zu den wärmsten Orten Deutschlands. Rund 11 Grad Celsius registrieren Klimatologen der TU Berlin im langjährigen Durchschnitt an der Messstation in Schöneberg.

Und mit dem Klimawandel steigen die Temperaturen weiter. Hitzetage mit mehr als 30 Grad und Tropennächte nicht unter 20 Grad werden immer häufiger, wie im Sommer 2018. Es war das bisher wärmste Jahr seit Beginn der systematischen Wetteraufzeichnung in der Spreemetropole. Doch was Wirte und Besucher von Biergärten freut, kann für die Gesundheit von Älteren, Kranken und Kleinkindern gefährlich sein. Vor allem Menschen mit Erkrankungen der Atemwege, von Herz und Kreislauf sind betroffen.

Zwar ist Berlin mit mehr als 400.000 Straßenbäumen auch die grünste unter Europas Hauptstädten. Die zahlreichen Parks, Wälder, Seen und Kleingärten helfen, die angestaute Wärme zu reduzieren. Allerdings: Selbst riesige Freiflächen wie das Tempelhofer Feld oder der Tiergarten versorgen meist nur die umliegenden Wohnblöcke mit erfrischender nächtlicher Kaltluft. Aber auch größere Gleisanlagen und Brachen können zu solch einem „Kühleffekt" beitragen, ebenso begrünte Dächer, Fassaden, Höfe.

Heute sind Klimatologen in Berlin an über 50 Messstationen dem Stadtklima auf der Spur. Mit Hilfe von Computermodellen wollen sie künftig noch besser erkennen, wie möglichst viel verträgliches Lokalklima erhalten oder geschaffen werden kann. Auch Stadtplaner können das nutzen. Denn angesichts des Wohnungsmangels wird die Hauptstadt weiter verdichtet, entstehen neue Wohnviertel. ■

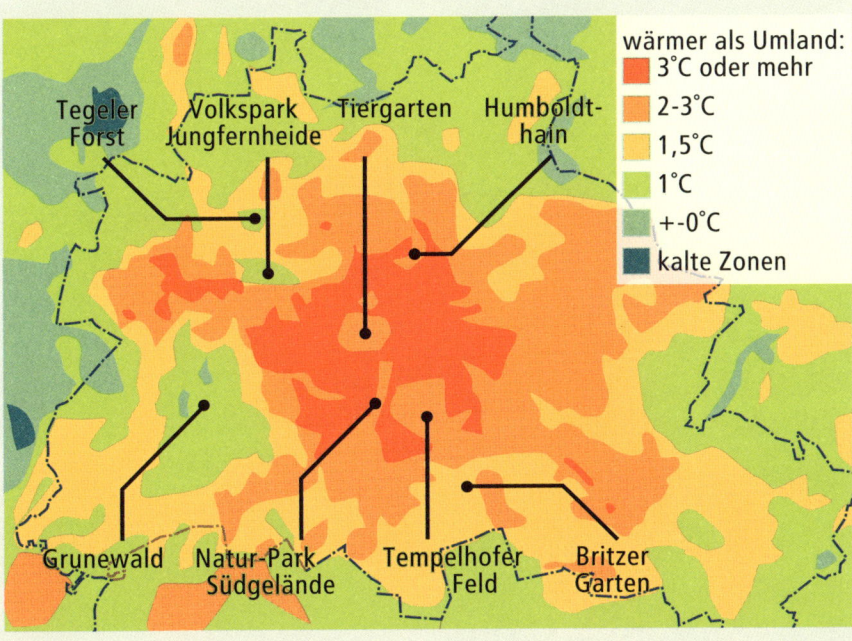

■ Klimakarte Berlin: Grüne Oasen sorgen für Abkühlung.

12 · Gottes-Gnadenkraut · Guter Heinrich · Dorniger Schildfarn

Rettung im Eimer

■ 17 Jahre lang hat das Gottes-Gnadenkraut im Eimer überlebt, dann kam es in die Pflanzen-Pflegestation.

Durch das Regierungsviertel zu schippern, ist eine besonders entspannte Art, das politische Herz Deutschlands zu erobern. Die Lautsprecherstimmen auf den Spreeschiffen lenken den Blick von einem bedeutsamen Gebäude zum nächsten. Unter einer eleganten Fußgängerbrücke geht es hindurch, die zwei Bundestagsbauten verbindet: die Parlamentsbibliothek am Schiffbauerdamm und das Paul-Löbe-Haus. Hier am Reichstagufer windet sich der Uferweg wie eine Schlange aus Beton. Zarte Pflänzchen haben da kaum eine Chance. Das war mal ganz anders.

■ Blüte des Gottes-Gnadenkrauts

Anfang der 1970er Jahre. Der Botaniker Walter Stricker durchstreift die Uferböschungen nach seltenen Arten und notiert: „Das ‚interessanteste' Wiesenstück im Bereich des früheren Stadtzentrums ist unzweifelhaft der Spreeuferhang nahe dem Reichstag. Hier wächst *Gratiola officinalis*, das Gottesgnadenkraut, zwischen Kriechweiden, Pracht- und Heidennelken." In seiner Pflanzenkartei stehen auch Betonie und Färberscharte, Alant, Sumpfschafgarbe, Kreuzblümchen, Wiesenknopf, Nördliches Labkraut, Vierkantiges Johanniskraut, Kreuzkraut, Thymian, Zittergras, Glockenblume, Odermennig, Margeriten. Er ist begeistert: „Solch eine charakteristische Artenkombination der Pfeifengraswiesen würde andernorts wohl zum Antrag auf Unterschutzstellung ... führen. Mir ist auch z. Zt. keine Berliner Wiese mit einer solchen Konzentration von Selten- und Besonderheiten auf so engem Raum bekannt ... Das Gottesgnadenkraut, das wir sonst in Berlin nur von sehr sumpfigen Stellen kennen, ... steht am Reichstag etwa in der Mitte des mehrere Meter hohen Abhangs und sogar noch etwas darüber in mindestens drei voneinander entfernten starken Gruppen."

Doch das **Gottes-Gnadenkraut** wird über die Jahre immer spärlicher, und so schreitet Walter Stricker zehn Jahre später zur Tat. Er packt ein paar Ableger ein, nimmt sie mit nach Hause und pflanzt sie auf seinen Balkon in Neukölln. Hier sind sie erst einmal sicher. Werden in einem

■ Mit dem Bau des Regierungsviertels in den 1990er Jahren verschwand eine artenreiche Spreewiese – und mit ihr das letzte Gottes-Gnadenkraut in der City.

Das Gottes-Gnadenkraut wurde einst häufig genutzt, gegen Leber-, Milz- und Hautleiden zum Beispiel.

■ Einsetzen der kleinen Pflänzchen 2002 in ein Beet im Botanischen Garten. Viele Jahre später ist das Gottes-Gnadenkraut so üppig, dass es in die Freiheit entlassen werden kann.

Eimer mit der Sumpf-Wolfsmilch zusammengesperrt, der Letzten ihrer Art, die er im Spandauer Forst gefunden hatte. Immer genügend Wasser im Eimer – viel mehr muss er nicht tun. Hat vor, beide später wieder an geeigneter Stelle auszusetzen.

Als Stricker stirbt, scheinen die Eimerbewohner verwaist. Der Sohn überlässt die Raritäten einem Pflanzenfreund. So wandern sie zur nächsten „privaten Erhaltungskultur". Doch beim Umzug des neuen Besitzers später wird es zu eng in der Wohnung, kein rechter Platz mehr ist für den Eimer. Da bleibt nur der Botanische Garten. Denn dort gibt es eine professionelle Erhaltungskultur, eine „Pflegestation" für Patienten zum Wiederaufpäppeln. Aus aller Welt werden bedrohte Pflanzen nach Dahlem geschickt.

So wackelt denn der Eimer 2002 im alten Peugeot-Bus quer durch Berlin zur neuen Adresse Unter den Eichen, wo die gut gemeinte Gefangenschaft ein Ende findet. Gärtner Michael Meyer nimmt die Pflänzchen entgegen, sie kommen in ein Wasserbecken. Anfangs sieht *Gratiola officinalis* hier recht verloren aus. Michael Meyer schaut jeden Tag, ob die Wurzeln auch im Wasser stehen und füllt nach. Jahr für Jahr geht es den Pflanzen besser, es macht sich immer mehr breit im ihm zugeteilten Quadrat und quillt irgendwann über den Rand. Zeit, es wieder freizulassen.

Im Sommer 2017 ist es soweit. Das Kraut steht prächtig. Große Ballen sticht der Gärtner aus. *„Da würde sich der alte Stricker aber freuen"* – sind sich die Fachleute vom botanischen Artenschutz sicher. Sie werden die Nachkommen der einstigen Spreewiesenbewohner von Dahlem in die Gosener Wiesen in Köpenick bringen. Den Platz zum Auswildern hatten sie vorher genau inspiziert. Behutsam in Kisten gepackt, rollt *Gratiola* im Kleinbus der Stiftung Naturschutz Berlin gen Südosten, vorbei am Müggelsee, ins größte Naturschutzgebiet der Stadt. Die Gosener Wiesen ziehen sich bis ins Land Brandenburg hinein. Ein riesiges Feuchtgebiet, in dem das Gottes-Gnadenkraut ideale Bedingungen hat. An drei Stellen kommt es in die durchnässte Erde. Doch ob das Auswildern wirklich gelingt, wird sich erst viel später zeigen.

Der Revierförster wird auf die Pflänzchen achten, sie im Blick behalten. Schon bald spannt er Maschendraht um die Pflanzstellen. Denn schnell hatten sich Rehe gütlich getan an den zarten Neuankömmlingen. Und auch den Schnecken scheinen sie zu schmecken. Den trockenen Sommer 2018 haben sie überlebt.

■ Einpflanzen in die Gosener Wiesen in der Köpenicker Müggelspree-Niederung – einer der letzten geschlossenen Feuchtwiesen- und Bruchwaldkomplexe Berlins

Der Förster ist sich ziemlich sicher, dass die Kräutlein ihr neues Zuhause annehmen werden, auch wenn sie noch recht bescheiden und manche ein bisschen angeknabbert ausschauen zwischen den vielen anderen Feuchtwiesen-Bewohnern.

Gefährdete Arten aus ganz Europa werden im Pflanzensanatorium des Botanischen Gartens Berlin gepflegt und vermehrt. Manche schon jahrzehntelang, wie der **Gute Heinrich**. Sein „Wohnungsschild" verrät, dass er 1987 hier eingezogen ist. Stefan Stern, damals Landschaftsplaner in Ausbildung, hat ihn hergebracht. Beim Kartieren in der Gatower Feldflur hatte er den Guten Heinrich am Wegesrand gefunden und mitgenommen, denn woanders in Westberlin gab es keinen Nachweis mehr von ihm. Vielleicht ließ er sich in Dahlem ja retten. Die alte Dorfpflanze *Chenopodium bonus-henricus* bekam ein eigenes Beet, das sie 30 Jahre später voll ausfüllt. Die Samen, kleine braune Nüsschen, werden jedes Jahr gesammelt und in der Samenbank eingelagert. Das Gänsefußgewächs steht längst auf der „Entlassungsliste".

Dort, wo der Gute Heinrich einst gefunden wurde, in Gatow, betreibt Biolandwirt Christian Heymann heute eine SoLaWi, eine Solidarische Landwirtschaft. Hierher würde die einst vielgenutzte Pflanze gut passen. Da müssen sich Florenschutz und Bauer nur noch einig werden.

Was als stark gefährdet auf der Berliner Roten Liste steht, stand einst auf dem Speisezettel unserer Vorfahren. Nachweise wurden selbst im Magen von Menschen der Eisenzeit gefunden, die Jahrhunderte vor Christi lebten. Denn das Kraut hat es in sich: reichlich Eisen, Vitamin C und viele Mineralstoffe, ein wertvolles Wildgemüse.

Sein Name übrigens soll sich auf die Bedeutung von Heinrich als gutem Geist beziehen, wegen seines Nutzens

Der Gute Heinrich wird auch Wilder Spinat genannt. Er gilt als Mutterpflanze unseres Gartenspinats.

als Gemüse- und Heilpflanze. So half er beim Heilen von Hautkrankheiten. Kulinarisch zumindest beginnt man ihn wieder zu entdecken, mit seinem interessanten herb-würzigen Geschmack. Heutige Genießer kreieren z.B. Quiche aus Gutem Heinrich mit Sesamsamen oder Lammkotelett mit Kümmel-Zitronenthymian-Butter und Gutem Heinrich als Beilage. Aber man kann ihn auch einfach wie früher essen und die jungen, noch nicht blühenden Pflanzen wie Spinat zubereiten oder die frischen Triebe wie Spargel. Die Blüten sind wie Brokkoli zu dünsten. Kein Wunder, dass der Gute Heinrich häufig an Dorfstraßen und Bauerngehöften zu finden war. Er konnte das ganze Jahr über geerntet werden und war einfach anzubauen. Aber seine Blätter welken rasch und müssen schnell verarbeitet werden. Wahrscheinlich wurde er deshalb vom Spinat fast vollständig verdrängt. Heute kann man Samen kaufen und die alte Nutzpflanze im Garten anbauen. Aber bitte nicht in die Freiheit entlassen, das dürfen nur Fachleute, weil die regionale Genetik stimmen muss.

■ Der Gute Heinrich in allen seinen Bestandteilen – eine Illustration vom 1885 von Otto Wilhelm Thomè

■ Tafeln weisen auf den Finder der rettungswürdigen Pflanzen und das Einzugsdatum in den Botanischen Garten hin.

Der Dornige Schildfarn hat in Berlin die höchste Gefährdungsstufe: Die bekommen nur Pflanzen, die als ausgestorben oder verschollen gelten.

Auch ein Farn, der **Dornige Schildfarn**, ist unter den „Patienten", entdeckt Mitte der 1990er Jahre im Prenzlauer Berg. Als der Zentralvieh- und Schlachthof stillgelegt und zum Entwicklungsgebiet wurde, durchkämmten Pflanzen-Fachleute das Areal und fanden etwas ganz Besonderes: *Polystichum aculeatum* war seit mehr als 100 Jahren verschwunden, galt als verschollener Berliner. Bis in die Gründerzeit hatte er noch im Grunewald gestanden.

Mit Hammer und Meißel wurde der wertvolle Farn aus den Fugen zwischen den Backsteinen befreit, bis zu 30 Zentimeter hatten sich die Wurzeln ins Mauerwerk vorgearbeitet. Erstaunlich fanden die Experten, dass sich der Farn ausgerechnet eine alte Ziegelmauer für seine Rückkehr ausgesucht hatte. Eine mögliche Erklärung: Die Sporen waren irgendwann aus Brandenburg herübergeweht. Farnsporen sind so leicht, dass sie bei gutem Wind schon mal 100 Kilometer fliegen können. Hier haben sie sich festgesetzt, eine kaputte Regenrinne hielt das Plätzchen feucht, eine Mauernische schützte vor zu viel Sonne. So konnte der Schildfarn, der eigentlich am Boden wächst, an einer Mauer überleben.

Am 13. März 1995 wurde er in die Dahlemer Erhaltungskultur gebracht. Hier, in der hintersten Ecke des Botanischen Gartens, ist er so groß geworden, dass er vom Gärtner geteilt werden musste. Als ausgestorben aber gilt er noch immer. ■

■ Der Dornige Schildfarn

Die Roten Listen von Berlin

1966 wurde von der Internationalen Naturschutzunion IUCN ein Red Data Book, ein Buch der Roten Listen, veröffentlicht. Darin wurde erstmalig weltweit die Gefährdung von Tier- und Pflanzenarten erfasst. Seither werden sie – in der Regel im Abstand von 10 Jahren – immer weiter fortgeschrieben.

Die Geschichte der Roten Liste Berlins ist zunächst auch eine Geschichte der Teilung der Stadt. Schon in den 1960er Jahren berichten Botaniker in Ost und West über dramatische Veränderungen der Flora. In den 1970ern entstanden in der DDR und der Bundesrepublik Rote Listen der wildwachsenden Farn- und Blütenpflanzen. Die erste Westberlins erschien 1981.

20 Jahre später dann gab es erstmals eine Rote Liste für ganz Berlin. Sie ist ein Gradmesser für den Zustand der Natur. In ihr sind jene Pflanzen enthalten, die sich etabliert haben, das heißt sozusagen sesshaft wurden. Dazu müssen sie über einen Zeitraum von mindestens 25 Jahren nachgewiesen worden sein oder sich über weite Teile des Stadtgebietes ausgebreitet haben. Wenn solch eine etablierte Art verschwindet oder ihr Bestand zurückgeht, wird sie in einer Kategorie der Roten Liste erfasst – von verschollen, vom Aussterben bedroht bis gefährdet. Verantwortlich dafür sind in der Regel wir. Industrie, Verkehr und Landwirtschaft verunreinigen Gewässer, Luft und Böden. Immer neue Bauten zerstören ganze Lebensräume. Und die Entwicklung ist dramatisch. Die aktuelle Rote Liste von 2018 enthält 1.527 etablierte Farn- und Blütenpflanzen. 264, also ein Sechstel davon, sind unwiederbringlich weg oder gelten als verschollen. Deutlich mehr als in der letzten Liste von 2001. Da waren es 203 Arten.

Insgesamt hat sich die Lage bei mehr Arten verschlechtert als verbessert. Jede dritte ist in ihrem Bestand gefährdet, wie das Gottes-Gnadenkraut, die Schwärzliche Wiesen-Küchenschelle, die Graue Skabiose und das Weiße Fingerkraut.

Hoffnungsvoll dagegen ist der Zustand des Acker-Filzkrauts. 2001 noch kurz vorm Aussterben, ist es heute nicht mehr bedroht. ■

■ Gefährdung in Berlin laut Roter Liste

- Ausgestorben oder verschollen
- Vom Aussterben bedroht
- Stark gefährdet
- Gefährdet
- Gefährdung unbekannten Ausmaßes
- Extrem selten
- Vorwarnliste
- Ungefährdet
- Daten unzureichend

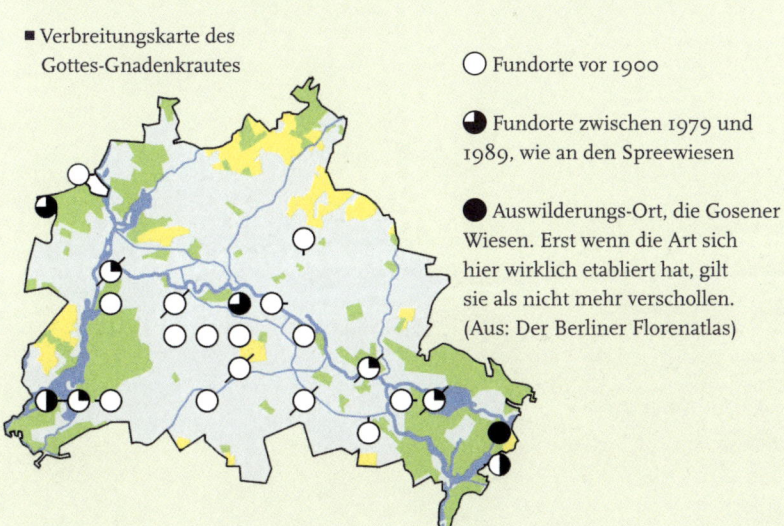

■ Verbreitungskarte des Gottes-Gnadenkrautes

○ Fundorte vor 1900

◐ Fundorte zwischen 1979 und 1989, wie an den Spreewiesen

● Auswilderungs-Ort, die Gosener Wiesen. Erst wenn die Art sich hier wirklich etabliert hat, gilt sie als nicht mehr verschollen. (Aus: Der Berliner Florenatlas)

13 *Schwärzliche Wiesen-Küchenschelle · Graue Skabiose · Grasnelke · Knabenkraut · Weißes Fingerkraut*

Schatzkammern Sanddüne und Niedermoor

■ Die Schwärzliche Wiesen-Küchenschelle

Im Wedding rupfen junge Leute unpassendes Grünzeug aus der Düne, damit die Grasnelke gut wachsen kann. In Reinickendorf mäht ein Wiesenpate Schilf und Seggen weg, um die Orchideen freizuhalten. Im Tegeler Forst werden Küchenschellen-Samen eingesammelt – alles für das „Berliner Florenschutzkonzept". So trocken der Name, so bunt und vielgestaltig ist sein Inhalt.

Zwischen GIS-Datenbank und schlammigen Gummistiefeln switcht Justus Meißner hin und her. Geht nicht anders und er mag das auch. Was im Moor oder in sengender Sonne auf dem Sanddünenhang passiert, wird im Computer genau dokumentiert. Rar gewordene Biotope sollen erhalten, verlorene zurückgeholt werden. Eine weltweite Aufgabe, runtergebrochen auf die deutsche Hauptstadt und hier, in der Stiftung Naturschutz Berlin, von Justus Meißner koordiniert.

Großeinsatz auf einer Binnendüne im Nordwesten Berlins. Junge Bäumchen müssen raus, damit sie die wertvollen Trockenrasen-Bewohner nicht erdrücken und beschatten. Zart wie sie sind, haben Küchenschelle und Skabiose gegen Pappeln, Kiefern und Birken keine Chance. Würde hier nicht immer wieder eingegriffen, wäre der offene Hang in wenigen Jahren ein junger Wald.

Die Dünenzüge im Tegeler Forst sind von der letzten Eiszeit übriggeblieben. Der ideale Ort für rar gewordene Pflanzen, die wenige Nährstoffe brauchen. Hier nun wird versucht, ihnen wieder auf die Sprünge zu helfen, einer Wohngemeinschaft beim Einzug zu helfen, in der dann reichlich Nachwuchs heranwachsen soll. Im Fachdeutsch des Florenschutzes: auf geeigneten Flächen Zielarten ausbringen und neue Bestände zur Sicherung der Arten aufbauen.

Da ist die **Schwärzliche Wiesen-Küchenschelle**, die wiederkommen soll, eine besonders seltene Spezies.

■ Justus Meißner und Dr. Elke Zippel beim Pflanzenzählen

Bis in die 1990er Jahre wuchs sie noch zerstreut an sandigen Stellen im Tegeler Forst, doch die meisten sind längst zertreten oder zugewachsen. Dagegen gibt`s nur eins: absperren und pflegen. Nun schützt ein niedriger Zaun den Dünenhang.

Schatzkammer Sanddüne Niedermoor

■ Ein prächtiges Exemplar der Grauen Skabiose am Dünenhang

2010 zogen die ersten jungen Küchenschellen ein. Kehrten sozusagen zurück an den Wohnort ihrer Vorfahren. Um die Jahrtausendwende hatte ein Pflanzenliebhaber hier Samen der letzten wildwachsenden Exemplare eingesammelt – in weiser Voraussicht, dass er damit die Art retten kann? Denn *Pulsatilla pratensis subsp. nigricans* ist ein ganz spezielles Pflänzchen, das es in Berlin nur noch selten gab.

Aus dem Saatgut hat man im Berliner Botanischen Garten dann später Pflanzen gezogen und die vermehrt. Die Schwarze Kuhschelle, wie sie auch genannt wird, ist Justus Meißners Lieblingspflanze, mit ihren nickenden, samtig-dunkelvioletten Köpfchen und den auffälligen Samenständen. So verfolgt er ihre Entwicklung besonders genau. 2012 gab es auf dem Hang die ersten Küchenschellen-Babys ohne Geburtshilfe, waren also Samen der hier Angepflanzten auf für sie fruchtbaren Boden gefallen und haben gekeimt. Zwei Jahre später zählte er 16 Jungpflanzen, danach um die 50 und im Jahr 2017 waren es immerhin schon 71. Dann aber kam der ganz große Sprung: 240 Jungpflanzen im heißen, trockenen Sommer 2018, der dieser Steppenrasenart gut getan hat. Ein unerwartet schneller Erfolg. Die mühsame Pflege, das Rausreißen von Pappelschösslingen und jungen Birken oft in sengender Hitze, hat sich also gelohnt. Die zarte Küchenschelle beginnt sich zu etablieren.

Der sandige Hang im Tegeler Forst ist ein Test. Solch ein Maß an Fürsorge geht nicht überall. Aber hier will man`s wissen: Wie können Arten zurückgeholt werden, die fast am Aussterben sind. Dazu gehört auch die **Graue Skabiose**, die so gar nicht grau aussieht, sondern mit ihren Blüten in hellem Blau bis Lila ein Hingucker für Schmetterlinge und Wildbienen ist, die aus ihr süßen Nektar saugen. Duft-Skabiose oder Orchideen-Skabiose heißt sie auch – und diese Namen passen irgendwie besser zu ihr.

■ Die Graue Skabiose ist leicht mit der Witwenblume zu verwechseln. Die Blüten der Witwenblume bestehen aus 4 verwachsenen Kronblättern, die der Skabiose aus 5.

Dr. Elke Zippel, die Leiterin der Saatgutbank am Botanischen Garten Berlin, will der seltenen Schönen helfen, nicht nur hier, sondern in ganz Deutschland wieder Fuß zu fassen, wieder mehr Wurzeln zu schlagen. *Scabiosa canescens* gehört zu einem aufwändigen nationalen Programm zum Schutz von Wildpflanzenarten. Hierher auf die umzäunte Düne wurden im Herbst 2015 die ersten Pflänzchen gebracht, herangezogen auch sie in der Vermehrungskultur. Aus Samen, den Elke Zippel mit ihrem Team im Havelland gesammelt hatte, von den letzten natürlichen Vorkommen der Region.

Kontrolle im nächsten Frühjahr: Was ist übrig, wie viele haben es über den Winter geschafft? Manche Pflanzen sind eingegangen, andere Tieren zum Opfer gefallen, die gern im lockeren Sand am Hang wühlen. Doch mehr als zwei Drittel haben es geschafft, sind gut angewachsen, blühten und fruchteten bereits im ersten Jahr. Im extrem trockenen Sommer 2018 kam dann der große Schub, eine regelrechte Skabiosen-Schwemme. Überraschend selbst für die Fachfrau, die begeistert ist von der enormen Verjüngung der einst Hergebrachten aus eigener Kraft. Trotz der Trockenheit sind deren Nachkommen zu prächtigen Stauden herangewachsen, die mit ihren Blüten und Früchten auch schon wieder für Nachwuchs sorgen. Während Konkurrenzarten vertrocknet sind, reicht den kleinen Keimlingen der nächsten Generation der Tau der Nacht zum Überleben. Und die „Alten" haben bereits tiefreichende Wurzeln, um Wasser in feuchten Bodenschichten zu erreichen. Echte Trockenrasenpflanzen eben.

Und doch bleibt diese Skabiosen-Art in Berlin und in ganz Deutschland gefährdet. Elke Zippel arbeitet daran, dass sich das irgendwann ändert. Im „Netzwerk zum Schutz gefährdeter Wildpflanzenarten in besonderer Verantwortung Deutschlands", kurz WIPs-De, ist sie zuständig für die neuen Bundesländer. Samen sammeln, in Botanischen Gärten Erhaltungskulturen anlegen, später am natürlichen Wuchsort wieder ansiedeln – die Graue Skabiose ist eine von 92 Arten, denen solcherart Hilfe zuteil wird.

Auch Deutschlands letzte innerstädtische Binnendüne, mitten im Wedding, ist zur Pflegeoase geworden. Sie liegt versteckt im Schul-Umwelt-Zentrum Mitte. An vielen Wochenenden trifft sich hier die Dünen-AG und rückt mit Spaten und Hacken allem möglichen Wildwuchs zu Leibe. Dünen-Untypisches kommt gnadenlos weg, zugunsten von Grasnelke, Sand-Strohblume, Steppen-Lieschgras. Noch vor wenigen Jahren war der Hang zugewachsen mit Brombeeren und anderem Gebüsch, von einer Düne nichts zu sehen. Für den Florenschutz wurde sie wieder freigeräumt. Ein Segen für hunderte **Grasnelken**. Denn so konnten sie hierher ziehen, als 2016 in Lichterfelde ein Tempohome für Flüchtlinge gebaut wurde und sie dort wegmussten. Damit ihr neues Zuhause nicht wieder zuwächst, rückt regelmäßig die NABU-Putzkolonne an – für *Armeria elongata* und andere wertvolle Pflanzen.

Nicht nur Bewohner von Trockenrasen brauchen Hilfe, auch welche der Feuchtwiesen. Wenn im Mai und Juni in Reinickendorf ein Meer wilder Orchideen erblüht, dann ist das Christoph Bayer zu verdanken. Als Florenpate trägt er die Verantwortung für diese Wunder-Wiese im Niedermoor, und zwar nicht nur per Handschlag besiegelt, sondern richtig mit Vertrag. Denn es gibt gleich mehrere botanische Highlights: das kleine weiße Sumpf-Herzblatt, das hier sein größtes Berliner Vorkommen hat, den Klappertopf, das Platthalm-Quellried, das Quellgras. Arten, die vor allem die Fachwelt begeistern. Für alle anderen sind es die Orchideen, die die Wiese so besonders machen.

■ Die Grasnelke hat weltweit ihr größtes Verbreitungszentrum in Mittelbrandenburg – zu dem Berlin, ganz natürlich, gehört.

Schatzkammer Sanddüne Niedermoor

■ Weißes Fingerkraut, Niedrige Schwarzwurzel, Sibirische Schwertlilie in der Wuhlheide

Drei verschiedene Knabenkräuter konkurrieren um die besten Plätze – das Breitblättrige, das Steifblättrige und Aschersons **Knabenkraut**. Das härtere Platzgerangel aber gibt es mit Schilf und Großseggen, und auch gegen das Echte Mädesüß müssen sich die Orchideen verteidigen. Nur mit menschlicher Hilfe können sie diesen Kampf gewinnen. Ist im Juli das lilafarbene Meer an „Lippenblumen vom *Orchis*-Typ" verblüht, kommt Christoph Bayer mit der Motorsense, für die Wiesenränder. Und er weist die Männer mit den Mähmaschinen ein, die über die großen Flächen gehen. Denn hier ist eine spezielle, eine angepasste Mahd nötig, ausgerichtet am Entwicklungsstand und den Bedürfnissen der botanischen Raritäten, seiner Schützlinge.

Der Aufwand scheint sich zu lohnen, jedes Jahr wieder erfreut das Orchideenmeer die Spaziergänger auf den Wegen am Verlandungsmoor vorbei. Austrocknen wird es nicht, solange es als Regenwasserrückhaltebecken genutzt wird. So erhält Berlin sich hier ein Biotop, das für eine europäische Metropole schon recht ungewöhnlich ist. Im Florenschutzkonzept heißt das Ziel: einen braunmoosreichen Kleinseggenrasen großflächig wiederherzustellen – als Artenreservoir für Niedermoorarten.

■ Ohne Pflege würden Schilf, Seggen und Mädesüß die Orchideen verdrängen.

Besonders gern lädt Justus Meißner zu Exkursionen in die Wuhlheide ein. Wuhlheide? Das hieß früher Pionierpalast, heute FEZ und Freilichtbühne. Wegen der Natur kommen wohl die wenigsten hierher. Doch was der oberste Florenschützer Berlins hier zu zeigen hat, wirft ein ganz neues Licht auf den hundertjährigen Waldpark. Der Fingerkraut-Eichenwald gilt als einzigartig, eine Pflanzenkombination, die ganz selten geworden ist. Hier aber, hatten Experten in den 1990er Jahren festgestellt, gab es *Potentilla alba* noch, das **Weiße Fingerkraut**. Grund genug, einzugreifen und den immer mehr zuwachsenden Wald wieder licht zu machen. Für dieses eine Kraut wäre der Aufwand wohl zu groß, doch noch andere Zielarten wurden hier gefunden: Niedrige Schwarzwurzel und Färberscharte, Sibirische Schwertlilie und Sumpf-Brenndolde. Seltene Schönheiten, von Stärkeren bedrängt. Irgendwann wären sie ganz weg gewesen.

Es ist ziemliche Knochenarbeit, die Spitzahorne und Späten Traubenkirschen rauszureißen, weiß Justus Meißner, der die jährlichen Pflegeeinsätze im Herbst koordiniert. Noch mehr Helfer wären nötig, den besonderen Wald zu erhalten, zu stabilisieren. Schmale Wege führen hindurch, an deren Rändern die Blüten des Fingerkrauts im späten Frühjahr strahlend weiß leuchten. Auch die anderen Raritäten kann man, mit gutem Blick und etwas Glück, bei einem Spaziergang hier treffen.

Also einfach mal, bevor es mit den Kindern ins FEZ geht, einen Abstecher machen: vom S-Bahnhof Wuhlheide unter der Brücke durch und gleich rechts rein in den Wald. Doch bitte: die Wege nicht verlassen, keine Blumen pflücken, nichts ausbuddeln. ■

Das Florenschutzkonzept

Bereits Ende der 1960er Jahre tauchte der Begriff „Florenschutz" im Arbeitskreis „Heimische Orchideen" in der DDR auf. 1973 wurde er auf einer Botaniker-Tagung quasi offiziell in die Naturschutzarbeit der DDR eingeführt. In der Hektik der Wende geriet er in Vergessenheit. Erst nach dem Jahr 2000 wurde er deutschlandweit und auch für ganz Berlin wieder aufgegriffen.

■ ● Fundorte von Florenschutzzielarten in Berlin
🌲 Berliner Forsten
(Quelle: Koordinierungsstelle Florenschutz)

Die Situation war ernst. Deutschland und die einzelnen Bundesländer hatten sich in internationalen Konventionen verpflichtet, den weiteren Rückgang der pflanzlichen Vielfalt zu stoppen. Doch es wurde klar, mit den bisherigen Naturschutzmaßnahmen allein ist das Ziel nicht erreichbar. Etwas Neues musste her – ein Florenschutzkonzept. Seit 2008 gibt es das in Berlin.

Es enthält ganz praktische Vorschläge, welche Pflanzen wie zu schützen sind, von der Pflege, der Vermehrung bis zur Wiederansiedlung. Grundlage dafür ist die Rote Liste. Aber alle dort aufgeführten gefährdeten Arten können nicht sofort gerettet werden. Es fehlt an Geld und Menschen. Deshalb müssen Schwerpunkte gesetzt werden. Von den mehr als 450 bedrohten Wildpflanzen der Roten Liste wurden 230 ausgewählt. Sie werden als sogenannte Zielarten bezeichnet und haben eine hohe oder sehr hohe Schutzpriorität. Und es gibt erste Erfolge. Neun Arten haben es bereits geschafft. So wurde das Dahinschwinden vom Zerstreutblütigen Vergissmeinnicht und dem Gelben Windröschen gestoppt.

Doch nicht nur einzelne Arten sollen gerettet, sondern auch Lebensräume bewahrt werden. Vor allem solche, in denen mehrere gefährdete Pflanzen gleichzeitig gut gedeihen können, wie die Gosener Wiesen, der Seddinsee oder der Spandauer Forst. Immerhin rund fünfzig Zielarten wachsen dort.

Und nicht nur um Raritäten geht's im Konzept, sondern auch um Arten wie die Sand-Grasnelke. In Berlin relativ häufig, aber außerhalb Mitteleuropas überhaupt nicht zu finden. Für ihren Erhalt hat Berlin eine globale Verantwortung.

Zuständig für die Umsetzung des Florenschutzkonzepts ist die Stiftung Naturschutz Berlin, die auch alle Rettungsmaßnahmen koordiniert. Mehr als 100 sind es bisher in ganz Berlin. Naturschützer, Flächennutzer, Wissenschaftler und Pflanzenpaten arbeiten dabei zusammen wie z.B. im Projekt „Urbanität und Vielfalt". ■

14 · Golddistel · Liegender Ehrenpreis · Rauer Löwenzahn · Ohrlöffel-Leimkraut

Wildes Pflanzen

So wohlgeordnet sind die Beete angelegt, dass der erste Blick aus der Seilbahngondel Höhe Wuhletal den wilden Inhalt nicht verrät. Ausgerechnet auf einer Gartenausstellung, wo es doch um schönste Zuchtformen geht, sollen Wildarten in den Boden?

■ Die Golddistel soll wieder mehr werden in Berlin.

„Möchten Sie Rauen Löwenzahn und Golddistel – oder lieber Blaugrünes Schillergras und Ohrlöffel-Leimkraut?" Doch wer kennt die schon? Egal, der Ansturm bei der ersten Wildpflanzen-Ausgabe im Sommer 2017 ist enorm. Mal selber was tun und nicht immer nur über den Rückgang der Artenvielfalt jammern hören. Mancher will auch einfach nur ein kleines Beet, ein eigenes Mini-Gärtchen, wie die Sozialarbeiterin und der Industriemechaniker aus Neukölln. 18 Pflänzchen dreier unterschiedlicher Arten kommen in ihre Obhut. Sollen kräftig heranwachsen, damit ihre Nachkommen irgendwann später wieder ins Freie entlassen werden

■ Eines der 900 Mini-Beete auf der Archefläche im Kienbergpark in Marzahn „gehört" Marion Brabetz, die es regelmäßig pflegt.

können. Jetzt aber pflanzt das Paar seine Schützlinge erstmal in eines der 900 Rechtecke, die im Kienbergpark neben den Gärten der Welt extra dafür angelegt wurden.

Die Idee einer Pflanzen-Arche auf der IGA in Marzahn ist clever. Wer hierher kommt, interessiert sich fürs Grüne, hat vielleicht selbst einen Garten oder einen Balkon. Denn man kann die wilden Pflänzchen auch mit nach Hause nehmen und dort in die Erde bringen. 5760 Exemplare werden beim Auftakt der Aktion „Urbanität und Vielfalt" an interessierte Bürger ausgegeben. Die musste man erst einmal haben.

An einem sonnigen Maitag im Jahre 2017 trifft sich ein Trupp Pflanzenfreunde mit Eimern und Schaufeln am Bahndamm in Wilhelmshagen. Bevor hier Baggerschaufeln alles umwühlen, sollen **Golddisteln** und **Liegender Ehrenpreis** schnell noch ausgegraben werden. Der dichtbewachsene Bahndamm wird umgebaut, nichts wird übrigbleiben von der Pflanzenfülle.

■ Start des Mitmach-Projekts „Urbanität und Vielfalt" im Sommer 2017: Pflanzenausgabe und Bepflanzen der Beete im Kienbergpark in Marzahn

Wildes Pflanzen

Der Mensch hat die Golddistel seit der Steinzeit genutzt. Blätter und Blütenboden wurden gekocht, die Wurzeln waren Heilmittel gegen Würmer. Die Golddistel wird auch Kleine Eberwurz genannt, wegen der früheren Verwendung bei Schweinekrankheiten.

■ Liegender Ehrenpreis und Golddistel

Gerade beginnt der Liegende Ehrenpreis zu blühen. Dicke Büschel in hellem Blau werden herausgestochen und vorsichtig in Säcke gestellt. Nur noch an Stadträndern, wie hier in Treptow-Köpenick oder auch in Spandau, findet er kalkreiche und trockene Stellen zum Leben.

Die Golddisteln, Aussterbekandidaten in Berlin, tragen noch die Hüllblätter vom letzten Jahr, weit geöffnet und in der Sonne leuchtend wie goldene Strahlenkränze. Dass *Carlina vulgaris* hier am Bahndamm wächst, wissen die Chefs der Aktion natürlich, hatten vorher den trockenrasenähnlichen Hang genau inspiziert. Möglichst viele der „Rettungswürdigen" wollen sie mitnehmen und in den Botanischen Gärten in Potsdam und im Späth-Arboretum der Humboldt-Universität vermehren, um später dann genug Pflänzchen zum Verteilen zu haben.

Kann ein Mitmach-Projekt der Bürger sogar den Gefährdungsstatus verändern, wie für diesen Ehrenpreis, die Golddistel und die vielen anderen Arten des Projekts?

Bei Anika Dreilich im Späth-Arboretum im Ortsteil Baumschulenweg laufen alle Fäden zusammen. Sie brennt für die Idee. Sammelt selbst Samen ein zum Vermehren, vor allem aber sammelt sie Menschen, die mitmachen wollen. Hofft auf den Schneeballeffekt. 900 Anmeldungen gibt es nach knapp 2 Jahren, darunter ganze Familien, Schulklassen, Gemeinschaftsgärten. 16.000 Pflanzen sind verteilt. Sie weiß genau, welcher Pate welche Art umsorgt. Hat im „Klunkerkranich", dem Kulturdachgarten über Neukölln, und in der Eventlocation „Nirgendwo" in Friedrichshain wilde Verbündete gefunden. Dort wachsen Ohrlöffel-Leimkraut und Rauer Löwenzahn unauffällig in Blumentöpfen und Pflanzkübeln zwischen anderen mit.

Durch einen Zeitungsartikel war man im Friedrichshainer Kiezbiotop auf das Mitmach-Projekt gestoßen. Da passten sie

■ An den rot markierten Stellen wächst der Liegende Ehrenpreis, *Veronica prostrata*, noch natürlich, die blauen Punkte zeigen die privaten „Pflegestationen" in Berlin.

■ Trockenrasen-Pflanzen inmitten anderer auf der Terrasse des „Nirgendwo"

irgendwie gut rein, die urbanen Gärtner auf den alten Industrieflächen des ehemaligen Wriezener Bahnhofs. Meldeten sich an, holten sich bei einer der Pflanzenausgaben 2018 im Arboretum einige der wertvollen Trockenrasen-Arten ab und integrierten sie in ihr buntes Durcheinander von Zier- und Wildgewächsen auf dem Oberdeck. Im nächsten Frühjahr dann boten sie ihren behaglich-queeren Biergarten für einen „Anzuchtworkshop" an. Mehr als 40 Leute meldeten sich über facebook und die U&V-homepage an. Sie wollten lernen, wie man Samen am besten in die Erde bringt. Wie man die Pflanzen der Trocken- und Halbtrockenrasen auf dem Balkon oder im Garten behandeln sollte. **„Rauer Löwenzahn** – was ist denn das? Ich dachte, es gibt nur einen Löwenzahn." Diesen Irrtum muss Anika Dreilich immer wieder aufklären. Und erzählt, dass es eine in Berlin gefährdete Art ist, Kategorie 3 der Roten Liste.

Inzwischen ist *Leontodon hispidus* subsp. *hispidus* neben dem alten Lokschuppen vom Samenkorn zur kleinen Pflanze geworden, hat eine erste Blüte geschoben. Fasst man die jungen Blättchen an – sie sind tatsächlich rau. Steif behaart, sagt der Fachmann. Im Nachbartopf ist das Ohrlöffel-Leimkraut aufgegangen und die Blätter haben die typische Rosette gebildet.

■ Die Blätter des Ohrlöffel-Leimkrautes sind löffelartig geformt.

Offener Sonntag im Juli im „Nirgendwo". Während Chefgärtner Bartholomäus die U&V-Blumentöpfe von Fremdwuchs befreit, wummern die Bässe vom benachbarten Berghain rüber. Hier oben in der kleinen bunten Oase unweit vom Ostbahnhof aber wird gelesen und gequatscht. Ob jemand zwischen all dem Pflanzengewirr das Schildchen „Nein. Hier steht kein Unkraut" bemerkt, das eine Lanze brechen soll für Grasnelke und Ohrlöffel-Leimkraut und Rauen Löwenzahn?

Auf zur Pflanzaktion. Frühzeitig im Arboretum in Baumschulenweg werden die vorbereiteten Paletten mit hunderten Pflanzen-Kindern ins Auto geladen. Heute soll es nach Petershagen gehen, gen Osten, ein Stück über Berlin hinaus. Die Streuobstwiese, die der NABU hier in seiner Obhut hat, passt gut, hat Trockenrasen-Qualität. Die Reihen werden abgesteckt, in die die Nachkommen der vom Bahndamm geretteten Ehrenpreis-Pflanzen gesetzt werden sollen. Außerdem mit dabei: Blaugrünes Schillergras und Tauben-Skabiosen. Um 10 Uhr rückt die NABU-Ortsgruppe an, los geht's, bevor es bald allzu heiß wird. An diesem Tag kommen 500 Pflänzchen in den Boden, werden sofort angegossen und haben nun ein ruhiges Zuhause. Ein viel entspannteres als ihre „Geschwister" mitten im Berliner Szene-Leben.

■ Anika Dreilich hat alle Hände voll zu tun, koordiniert die Anzucht im Botanischen Garten Potsdam und im Späth-Arboretum, damit immer genug Nachschub zum Auspflanzen da ist.

Zwei Jahre nach dem Startschuss für „Urbanität und Vielfalt" 2017 zur IGA in Marzahn sind die kleinen Holzquadrate im Kienbergpark gut gefüllt. Grasnelken dominieren das Bild, Federgras schwingt sich im Wind, neben Riesenpflanzen der Skabiosen-Flockenblume. Zwei junge Leute machen sich auf der Archefläche zu schaffen. Jeden Samstag zwischen 13 und 17 Uhr sind Studenten hier, die am Projekt mitarbeiten. Als Anlaufpunkt für Interessierte und zum „Unkraut"-Ziehen auf den Wegen zwischen den und in manchen der Beete selbst. „Das Ruderale muss raus" – erklären sie einem Lehrer, der sich informieren will, um vielleicht mit Schülern vorbeizukommen und mitzuhelfen. Denn Ackerkratzdistel, Berufkraut, Rainfarn machen sich schnell breit und überwuchern die Schwächeren: weiße Graslilien, zarte Heide-, Pech- und Kartäusernelken. Oder das zierliche Ohrlöffel-Leimkraut *Silene otitis*, das auch ein Nelkengewächs ist. Doch mit so unscheinbaren Blüten, dass selbst Insekten sie übersehen. Umso ausgeprägter ist ihr Duft bei Nacht, der Fliegen, Ameisen, Nachtfalter und Mücken magisch anlockt. Die dann Nektar und Pollen, ihre Nahrung, aus den gelb-grünen Mini-Blüten saugen.

Nicht alle der kleinen Beete werden so gut gepflegt wie Nr. 88 von Marion Brabetz. Ohne eigenen Garten und Balkon, kann sie sich hier „austoben" wann sie will, bringt manchmal die Enkel mit. Wenn es sehr heiß ist, kommt sie sogar jede Woche vorbei, zum Gießen. Was für die Natur bei all dem Aufwand rauskommt, ob die eine oder andere Art später sogar von der Aussterbe-Liste gestrichen werden kann, muss sich erst zeigen. Sicher aber ist, dass es viele neue Wildpflanzen-Fans in Berlin gibt. Und das ist ja auch schon was. ■

■ Zierliche Blüten des Ohrlöffel-Leimkrautes, mit Grasnelke.

■ Pflege der Archeflächen in Marzahn, im Hintergrund die Seilbahn

Biodiversität durch Mitmachen

„Gemeinsam mit Familien, Kleingärtnern und allen, die mitmachen wollen, holen wir den Naturschutz in den Alltag", sagt Dr. Michael Burkart, Kustos des Potsdamer Botanischen Gartens. Er hatte die Idee und gründete zusammen mit seinem Mitarbeiter Patrick Loewenstein „Urbanität & Vielfalt", das wohl größte Naturschutzprojekt mit Bürgerbeteiligung in Deutschland.

„Natürlich ist das nicht allein auf meinem Mist gewachsen. Es gab zwei Vorbilder, die mich inspiriert haben", erklärt der Vegetationskundler. Zunächst beeindruckten ihn die Landfrauen in Schleswig-Holstein. Sie bekamen vom Umweltamt gefährdete Wildpflänzchen und zogen sie in ihren Gärten groß.

Auch in der Schweiz, in Zürich, gibt es ein ähnliches Projekt. Schon seit 20 Jahren. Ein kleiner Zeitungsartikel hatte Einwohner dazu aufgerufen, seltene Pflanzen zu vermehren. Achtzig Mitmacher meldeten sich sofort. Viele davon sind heute noch dabei.

„Ich dachte, das schaffen wir auch", so Burkart, „aber die Schwierigkeiten bei der Geldbeschaffung hatte ich unterschätzt." Fünf Jahre dauerte der Kampf um Fördermittel, bis es endlich 2016 losgehen konnte. Mit dabei sind neben dem Botanischen Garten der Universität Potsdam der Botanische Garten Marburg und das Umweltzentrum Dresden.

In Berlin ist es das Späth-Arboretum der Humboldt-Universität. An diesen Orten werden die Jungpflanzen herangezogen. Sie leben vor allem auf Trockenrasen mit nährstoffarmem Boden, sind eigentlich Überlebenskünstler. Doch irgendwann können auch sie nicht mehr. Und das hat zwei Gründe. Mit der Entwicklung des Kunstdüngers wurden Böden immer fetter. Kein geeigneter Lebensraum mehr für die genügsamen Wilden. Zudem düngen Autoabgase und Ammoniak aus der Landwirtschaft mit. Oft werden diese mageren Standorte aber auch überhaupt nicht mehr genutzt, sich selbst überlassen. Dann breiten sich robustere Pflanzen aus.

Anmelden und Mitmachen:
info-berlin@UundV.de

Mehr zum Projekt unter:
www.UundV.de

„Der amtliche Naturschutz allein kann das nicht richten. Dazu ist das Problem zu groß. Er braucht neue Verbündete", betont Burkart. Ein buntes Mosaik einst heimischer Arten soll so wieder in den Städten entstehen. Und wer mitmacht, hat auf einmal ein ganz anderes Verhältnis zu den Wilden, freut sich über ihr Gedeihen.

„Urbanität und Vielfalt" ist ein Pilotprojekt. Im Oktober 2020 ist es zu Ende. In einem Online-Handbuch werden dann die Erfahrungen bekannt gemacht. Ein Leitfaden für Nachahmer sozusagen.

Und auch praktisch wird es weitergehen. Schon hat sich ein Arbeitskreis gebildet. 25 Ehrenamtliche, die die Aktionen begleiten und fortführen wollen. ■

■ Dr. Michael Burkart

15 Echtes Johanniskraut · Ruprechtskraut · Kleiner Orant · Seifenkraut

Entlang der Gleise

■ Die Blätter haben durchscheinende Öldrüsen und wirken wie durchlöchert, daher der wissenschaftliche Name *perforatum*.

Durch welche Stadt ziehen sich schon so viele Kilometer stillgelegte Gleise... Zerschnitten und liegengelassen über Jahrzehnte war das, botanisch gesehen, ein spannender Teil der Teilung. Wo heute Leute flanieren, Rad fahren, skaten, auf Wiesen rumliegen – im Park am Gleisdreieck –, beherrschte jahrzehntelang ein buntes Wildpflanzengemisch das Terrain.

Als die Bagger schon wühlen, im Sommer 2008, will es die Buchschreiberin noch einmal wissen. Findet eine Lücke im Bauzaun und dann nach wenigen Schritten prachtvolle Königskerzen neben Kleinem Orant und Ruprechtskraut an einer Schiene, um die sich massenhaft Waldreben ranken. Mauerpfeffer im Gleisschotter und Greiskräuter und Sichelmöhren zwischen Land-Reitgras. Und eine Kolonie Johanniskraut. Für Pflanzenfreaks, Hundehalter und Freunde des etwas Morbiden hatte diese riesige rostige City-Wildnis etwas sehr Einladendes, gepaart mit dem Kitzel des nicht ganz Legalen. Eine Grauzone war das Gleisdreieck über Jahrzehnte.

Ziemlich zäh müssen die Pflanzen schon sein, die in solch künstlichen Steinwüsten leben konnten. Das **Echtes Johanniskraut** hat so kräftige halbmeterlange Wurzeln, spindelförmig und weit verzweigt, dass es die Extreme oben gut wegsteckt, immer wieder neu austreiben kann, egal wie heiß oder trocken es ist.

Die Blüten erscheinen im Juni um den Johannistag. In Zeiten des Klimawandels inzwischen schon einiges eher. Man stellte sich früher vor, die Pflanze habe wegen der Enthauptung Johannes des Täufers eine rote Farbe bekommen. Zerreibt man die gelben Blüten, tritt tatsächlich ein roter Saft aus, das „Johannisblut". Im Mittelalter war es das Kraut gegen Wahnsinn. Das Teufelskraut, Hexenkraut oder Walpurgiskraut musste zur Teufelsaustreibung herhalten, auch wenn es vielleicht nur starke Stimmungsschwankungen waren, die für Besessenheit gehalten wurden. Dass Johanniskraut gegen Traurigkeit hilft, weiß man auch heute. Hoch dosiert kann es synthetische Antidepressiva ersetzen.

Auf dem durchgestalteten Gleisdreieck heute ist eine Menge übrig von *Hypericum perforatum*. Und sogar auf den benachbarten stark befahrenen Bahnstrecken mitten durch die Stadt kann es gut leben. Denn den Pflanzengiften, die unliebsame Gleisbettbewohner chemisch vertreiben sollen, setzt es seine starken Wurzeln und unbändige Kraft zum Austreiben entgegen.

■ Die goldgelben Kronblätter enthalten in Gewebslücken das blutrote Hypericin. Beim Zerreiben werden die Finger rot.

■ Das Ruprechtskraut ist ein Storchschnabelgewächs. Erkennbar an der Form der Früchte.

Die Namen Himmelsbrot, Gottesgnadenbrot, Adebarbrot oder Notbrot erinnern dran, dass in Hungerszeiten die Wurzeln des Ruprechtkrauts gegessen wurden. Die Römer schätzten sie sogar als Delikatesse. Sie erinnern im Geschmack an die Pastinake.

Auch das **Ruprechtskraut** ist noch da. Die rosa Köpfchen heben sich eindrucksvoll ab vom Metall der Schienen. Jeden Sonntag im September rollt die Museumsbahn drüber, doch *Geranium robertianum* hat seine langen, dünnen Wurzeln tief im Schotter versenkt. Sie allein aber könnten die Pflanze nicht halten, da müssen die gefiederten Laubblätter helfen. Deren Stiele und auch Seitensprosse biegen sich an Blattgelenken nach unten und legen sich fest auf den Untergrund, stützen die Pflanze regelrecht ab. Die Gelenke machen es dem Blatt auch möglich, das beste Sonnenlicht zu erhaschen. Die dabei entstehenden Lichtschutzpigmente geben dem Kraut eine dunkelrote Färbung.

Zu Ehren des Heiligen Ruprecht erhielt die vielseitige Heilpflanze ihren Namen. Gegen Blutungen verschiedenster Art und auch Durchfall wurde sie eingesetzt. Die andere Bezeichnung, Stinkender Storchschnabel, ist gut überprüfbar: Die Blätter verströmen beim Zerreiben einen Bocks- oder Wanzengeruch. Mancher mag das anders empfinden, aber unangenehm riecht der Blätterbrei allemal. Die Schnabelform der Früchte hat gleich der ganzen Familie zum Namen verholfen, den Storchschnabelgewächsen *Geraniaceae*, vom griechischen *geranos*, Kranich. Und die Verlängerung der Fruchtblätter erinnert wahrhaftig an einen langschnabeligen Vogel.

300 verschiedene Arten an Gewächsen sollen es auf dem Gleisdreieck einst gewesen sein, Fachleute haben sie begeistert gezählt. Darunter der **Kleine Orant**, die vielleicht typischste „Eisenbahnpflanze". Woanders, wie auf Äckern, findet sie kaum noch Platz, konkurrenzschwach wie sie ist. Für den unscheinbaren Vetter des Löwenmäulchens aber ist der Gleisschotter ein guter Ersatz, *Chaenorhinum minus* liebt warme, sonnige Stellen auf Schutt, Sand und Geröll.

Zur echten Bahnpflanze aber macht sie ihr Verbreitungstrick. Schüttelt der Wind die geöffneten Kapseln, landen die Samen ganz in der Nähe, 22 Zentimeter schaffen sie nur. Erst der Luftwirbel vorbeifahrender Züge bringt den Orant richtig auf Tour, wie mit einer Streubüchse werden die unzähligen Samen dann verteilt. 144 Zentimeter haben Experten gemessen, fast siebenmal so weit wie bei normalem Wind. Aber noch etwas anderes macht das unscheinbare Pflänzchen fit: enorme Fruchtbarkeit, schnelles Keimen im Frühjahr, da ist ein warmes Bahngelände gerade gut. Eine rapide Entwicklung bis zur ersten Blüte, früh beginnende und schnelle Samenproduktion und bald ist die Frucht reif. Trocknet sie, öffnet sich die Kapsel mit zahnartigen Klappen nach oben – und wartet auf einen Windzug. So ist der Lebenszyklus durchgehechelt, noch bevor Hochsommer und Herbizide dem Kleinen Orant etwas anhaben können. Kurzfristig gute Bedingungen nutzen, wenn das keine Überlebenskunst ist.

Doch nur wer ihn kennt, wird ihn finden. Der Klaffmund, wie er auch genannt wird, ist leicht zu übersehen mit seinen gerade mal 10 bis 20 Zentimetern Höhe. Einmal taucht er zwischen Treppenstufen

■ Die hellvioletten Blüten des Kleinen Orant bestäuben sich selbst. Die trockenen Kapseln öffnen sich mit zahnartigen Klappen nach oben. Durch einen Windstoß werden die Samen breitgestreut.

■ Wie bei allen Nelkengewächsen stehen die Blätter des Seifenkrauts kreuzgegenständig am Stängel.

nahe dem Potsdamer Platz auf, ein andermal neben dem Einkaufszentrum Alexa am Alex. Auf dem Gleisdreieck, zwischen den zwei Schienensträngen mitten durch den Park, hat er sich offensichtlich dauerhaft festgesetzt.

Ganz andere Beachtung findet das **Seifenkraut**. Es wird freundlich wahrgenommen, erinnert es doch an den Phlox im Garten. Ist das denn nun auch ein Un-Kraut? Ein ungeliebtes Kraut, das uns nicht nützt? In den Verdacht wird das Seifenkraut kaum kommen, sein Name schon assoziiert die Verwendungen. *Sapo* heißt lateinisch Seife, *officinalis* bedeutet arzneilich, *Saponaria officinalis* war zum Waschen und zum Heilen gut.

Schleimlösend wirkt es bei Husten. Und weil die Saponine Schaum bilden, diente es als Seifenersatz. Im Altertum zum Waschen und Entfetten der Wolle genutzt, später zum Reinigen empfindlicher Kleider. Denn der Auszug aus Wurzeln und Rhizom wäscht zwar nicht porentief rein, dafür aber gewebeschonend. Bis zum Beginn des 20. Jahrhunderts baute man Seifenkraut in Europa an, und noch heute werden mancherorts Wäschestücke mit angeschnittenen Rhizomstücken „eingeseift".

Dass die auch Seifen- oder Waschwurz Genannte eine Bahnpflanze ist, hat sie zuallererst seiner unterirdischen Gestalt zu verdanken, mit einer rübenartig verdickten Hauptwurzel und stark verzweigten Ausläufern, die fingerdick werden können und *Saponaria* auch im lockeren Schotter bestens verankern. Und dass es dazu noch Umweltgifte ignoriert, macht das Seifenkraut zum zähen, schönen Bahnbegleiter.

In der City ziert das Nelkengewächs auch gern Weges- und Baustellenränder. Man kann Folgendes mal versuchen: Einfach die Blätter im Wasser zerreiben und zusehen, wie sich Schaum bildet. Das Kraut, gekocht, soll auch ein sanftes Haarshampoo ergeben.

Fast alle ehemaligen Gleisdreieck-Bewohner hat die Buchschreiberin im durchgestalteten Park wiedergefunden. Waren die Ängste von Anwohnern und Wildnis-Fans also unbegründet, dass die schöne Buntheit verloren geht? Sie wurde, auch dank kritischer Bürgerinitia-

Früher wurde bei Entzündungen auch die Haut mit Seifenkraut gewaschen. Arabische Ärzte wendeten es sogar bei Lepra an. Auch heute noch wird der Sud der gekochten Wurzel für Umschläge bei Hautkrankheiten, besonders gegen Pilzinfektionen, eingesetzt.

tiven, im Parkkonzept mitgedacht, an vorbestimmten Stellen zwar, aber immerhin. Da ist der hingekippte „Öko-Schotter", aus dem alles sprießen darf was will: das Seifenkraut und das Johanniskraut, Goldrute und Natternkopf, Schmalblättriges Greiskraut – mitten in der Hauptstadt ein Lehrbuch der wilden Natur, von trittsicheren Wegen aus zu studieren.

Gleich neben Beach61, den Volleyballfeldern im Westpark, heißt eine große Schautafel die Besucher „Herzlich willkommen in der Stadtwildnis". Hier sind die Wege nicht so ordentlich, und man kann sich das etwas verwunschene Gefühl von einst, bevor der Park da war, noch holen. Da gibt es den „Robinien-Vorwald", das „Pioniergebüsch mit Sommerflieder", „Schotterreiche Flächen" und und und – auf Info-Tafeln werden die verschiedenen Entwicklungsstadien beschrieben. Begreifen mit angreifen sozusagen, beim stadtentrückten Streifen durchs Pflanzengewirr.

Im Ostpark dagegen mahnen kleine runde Schilder „Gleiswildnis – Bitte nicht betreten – ungesichertes Gelände". Hier ist ein Baumgemisch aus Robinien, Birken, Eichen und Pappeln herangewachsen, dunkel und etwas irreal wirkend mit den rostigen Schienensträngen mitten hindurch. Vor 70/80 Jahren sind da noch Züge drüber gerollt. Die Natur holt sich eben alles zurück, wenn wir sie nur lassen. ■

■ Königskerzen zwischen den Gleisen der Museumsbahn des Deutschen Technikmuseums auf dem Gleisdreieck

Berliner Bahnhofsgeschichte

„Kann mir keine große Seligkeit davon versprechen, ein paar Stunden früher in Berlin oder Potsdam zu sein", bemerkte Friedrich Wilhelm III. im Jahre 1835. Doch was Preußens König unbedeutend erschien, war für die aufblühende Berliner Industrie lebenswichtig. Nur so konnte sie konkurrenzfähig sein.

Schon drei Jahre später wurde als erster der Potsdamer Bahnhof eröffnet. In den folgenden Jahrzehnten überschlugen sich förmlich die Einweihungen von Schienenwegen und Bahnhöfen – 1841 Anhalter Bahnhof, 1842 Frankfurter Bahnhof, 1847 Hamburger Bahnhof, benannt nach den Richtungen, aus denen die Züge eintrafen. Um 1870 gab es acht sogenannte Kopfbahnhöfe in der Stadt. Wie bei einer Sackgasse führte nur ein Weg hinein und hinaus. Alle lagen außerhalb der Stadtmauer, und das Umsteigen war mühevoll und zeitraubend. Nur mit einer Pferdedroschke gelangten Reisende von einem Bahnhof zum anderen. Seit 1877 verband dann eine fast 40 Kilometer lange Trasse um die Innenstadt, die Ringbahn, alle Bahnhöfe.

Im 2. Weltkrieg wurden zahlreiche von ihnen zerstört, ebenso Gleisanlagen. Durch die anschließende Teilung Deutschlands und Berlins verloren Strecken an Bedeutung, wurden stillgelegt. Erst mit der deutschen Einheit änderte sich auch für die Bahnstadt vieles. Geisterbahnhöfe wurden wieder zu belebten Orten, Lücken im Schienennetz geschlossen. Anstelle des ehemaligen Lehrter Stadtbahnhofs, früher wichtigster „Überseebahnhof" Berlins, entstand 2006 der Hauptbahnhof.

Andere entwickelten sich zum Naturpark wie der Tempelhofer Rangierbahnhof. 1889 war er auf dem Schöneberger Südgelände in Betrieb genommen worden. Seit mehr als 50 Jahren nicht mehr genutzt, erobert sich die Natur ihr einst verlorenes Terrain zurück.

Hier kann man sehen, wie ganz von allein ein „Urwald" entsteht – Birken, Pappeln, Ahorn und Robinien, an denen sich Waldreben emporranken. Auf den offenen Flächen wachsen vom Aussterben bedrohte Habichtskräuter, ein Hotspot für diese Arten in der Region. Und überall verströmen Rosen ihren betörenden Duft. Faszinierend ebenso die Verbindung zwischen Natur und Relikten aus der Dampflok-Ära.

Übrigens – Bahnbrachen-Parks sind eine Berliner Spezialität. In Mitte lädt der Park am Nordbahnhof zum Entspannen vom turbulenten Großstadtleben ein. ∎

> *Besuchertipp für den Natur-Park Schöneberger Südgelände: Eingang neben der S-Bahnstation Priesterweg. Geöffnet ist täglich von 9 Uhr bis zum Einbruch der Dunkelheit.*
>
> *Eintritt: 1 Euro.*

■ Alte Dampflok im Natur-Park Südgelände © Holger Koppatsch

■ Natur besetzt stillgelegte Gleise.

16 *Breit- und Spitz-Wegerich · Löwenzahn*

Lebenskunst zwischen Steinen

Kaum noch vorstellbar, dass in den Pflasterritzen vor der Reichstagtreppe mal ein grünes Gewimmel war, auf dem die Besuchermassen, auf Einlass wartend, heftig herumtrampelten. Längst ist hier alles abgesperrt, und es geht seitlich rein ins Parlamentsgebäude. So haben die Bewohner dieser großen Pflasterfläche jetzt ziemlich Ruhe. Der Trubel ist nun nebenan.

Zwerg-Schneckenklee neben Portulak, Blutrote Fingerhirse neben Kanadischem Berufkraut, Vogelknöterich und Löwenzahn, Ehrenpreis und Rispengras, Wegerich neben Weidelgras, Weiß-Klee und Bruchkraut und Mastkraut und Sandkraut – wie schaffen die das bloß, bei dem bisschen Nährboden zwischen den Steinen und den unzähligen Tritten von oben? Zwei Strategien gibt es: entweder die Schuhsohlen aushalten oder sich abducken. Es sind genetisch bedingte Tricks, die bei den sogenannten Trittpflanzen das Wachstum fördern oder hemmen.

Da ist der **Breit-Wegerich** mit seinen bis zu 80 Zentimeter tiefen Wurzeln. Er holt die Nahrung von weit unten, verdichteter Boden stört *Plantago major* also nicht. Und wird ein Blatt von Schuhsohlen zerfetzt, können die dicken Leitbahnen weiter Nährstoffe transportieren. Aushalten ist seine Devise. In den Rinnen auf der Oberseite der Blätter fließen Regentropfen direkt zu den Wurzeln ab, und die Blätter liegen so dicht am Boden, dass sie schönen Schatten machen und vorm Austrocknen schützen.

Kaum zu glauben, dass dieses Allerwelts-Gewächs einst als Alleskönner galt und eine der heiligsten Pflanzen war, für die altgermanischen Heiler, die Lachner, gar die „Mutter der Heilpflanzen".

Wegerich, das ist einer, der die Wege beherrscht. In Nordamerika folgte er einst dem Vordringen der Siedler und wurde von den Indianern Englishman's foot genannt – Fußtritt der Bleichgesichter. Dass die Pflanze „zu Fuß" tatsächlich um die ganze Welt gekommen ist, verdankt sie einer besonderen

■ Grün umwachsene Pflastersteine vor dem Reichstag, bevor die Sicherheitsabsperrung kam

*„Und du, Wegbreite, der Wurzen Mutter,
nach Osten offen, nach innen mächtig!
Über dich Räder rollen, über dich Frauen
fahren, über dich Bräute sich breiten, über
dich Stiere stampfen.
Allen widerstandest du und widerstehst du,
so widerstehe Eiter und Anfällen und der
Leidkraft, die über das Land dahinfährt!"*
(angelsächsischer Kräutersegen)

■ Es gibt zwei Strategien, in Pflasterritzen zu überleben: entweder die Tritte aushalten – oder sich abducken.

■ Das Blatt durchziehen mehrere Leitbündel. Beim Abreißen ragen sie wie weiße Fäden aus dem Stiel heraus. Früher orakelte man: Je länger die Fäden, desto mehr Glück. Oder: So viele Fäden, so viele Kinder wird man haben, so viele Lügen hat man am Tag erzählt ...

Eigenschaft ihrer Samen. Die quellen bei Feuchtigkeit auf, werden klebrig und haften überall an, egal ob an Pfoten, Schuhsohlen oder Hufen. So wurde *Plantago*, was vom lateinischen *planta* kommt und nicht nur Pflanze, sondern auch Fußsohle heißt, zu einer der meistverbreiteten Pflanzen überhaupt. Wohl aber auch, weil jede einzelne im Leben bis zu 40.000 Samen hervorbringen kann.

Wegerich-Blätter wurden früher in die Schuhsohlen gelegt, gegen die vielen Gefahren einer langen Reise: Giftschlangen, tollwütige Hunde, spitze Dornen und Räuber. Man glaubte sogar, dass sie auch Müdigkeit vertreiben und wund gelaufene Füße kühlen können. Das fahrende Volk des Mittelalters trug Wegerich-Wurzeln an einer Schnur um den Hals, um sich vor bösen Weggeistern und der Pest zu schützen. Und steckte doch mal ein Dorn im Fuß, trug man einfach schleimigen Brei aus gekochten Samen auf. Skorpionbisse wurden, schon in der Antike, mit Wegerich behandelt. Erasmus von Rotterdam schrieb vor 500 Jahren, dass sich selbst Kröten von Stichen giftiger Spinnen mit Wegerich heilen.

Heilig, heilend und auch noch essbar – das traut man dem Pflänzchen nun wirklich nicht zu. Aber doch, es gehörte einst zur kultischen Frühlingssuppe „Grüne Neune". Und in Tolkiens „Herr der Ringe" hilft es gegen die bösen Orcs. Wer verblutet, ist dem Orkus, dem König der Toten, ausgeliefert, da hilft blutstillender Wegerich-Saft. Bei Hildegard von Bingen waren auch Wegerich-Wurzeln im Pulver gegen „angehexten überstarken Geschlechtstrieb". Sie verschrieb gebratene Wurzeln – warm aufgelegt – bei geschwollenen Drüsen, Pflanzenbrei mit Honig aufgetragen bei Knochenbrüchen, gekochte Blätter zum Aufstreichen bei Insektenstichen und Seitenstechen. Und Plinius meinte, durchgeschnittenes Fleisch wachse wieder zusammen, wenn es mit Wegerich in einem Topf gekocht wird.

Mit dem Spruch „Blut vergeh" haben sich Kinder früher Wegerichblätter auf blutende Wunden gelegt. Probieren Sie mal, es sollte auch heute noch helfen.

Der schlanke Bruder **Spitz-Wegerich**, *Plantago lanceolata*, verdankt den Namen der Form seiner Blätter, lang und schmal wie Lanzen sprießen sie im Frühjahr aus dem Boden. Doch es gibt noch mehr Unterschiede zwischen den Geschwistern.

Anders als der breitblättrige gehört der spitze Wegerich nicht zu den Trittpflanzen, verträgt das Draufrumtrampeln nicht so gut, wächst lieber an Wegrändern, trockenen Wiesen, Parkrasen wie am Tiergartenrand. Die Nützlichkeit aber scheint in der Familie zu liegen. Spitzwegerich hilft vor allem bei Husten, bei Atemwegsproblemen aller Art. Das ist der einhüllenden Wirkung der Schleimstoffe zu verdanken und der zusammenziehenden der Gerbstoffe. Antibakteriell wirkt er noch dazu, Kieselsäure tut ein Übriges. Eine tolle Kombination in einer kleinen Pflanze, an der man normalerweise vorbeiläuft, ohne ihr einen Blick zu schenken. Aber das kann sich ja ändern.

Pfarrer Kneipp schrieb: „Die Heilung geht rasch vor sich … Wie mit Goldfäden näht der Wegerichsaft den klaffenden Riss zu, und wie an Gold sich nie Rost ansetzt, so flieht den Spitzwegerich Fäulnis und faules Fleisch."

Zumal wenn man weiß, dass sie auch mundet. Die jungen Blätter mit den noch weichen Blattadern schmecken etwas bitter und leicht salzig – eine herbe Würze für Blattsalate oder Gemüse. Später sind die Adern wie Bohnenfäden abzuziehen. Mit den zermörserten Blättern kann man Butterbrote bestreichen, besonders köstlich in Kombination mit Lauch oder Bärlauch. Die Fruchtstände sollen geschmacklich sogar an Steinpilze erinnern.

■ Die weißen Staubblätter des Spitzwegerichs bilden einen Rand um den Blütenkopf.

Alles längst bekannt. Pollenanalysen haben ergeben, dass Spitzwegerich schon in der Jungsteinzeit gegessen wurde. Ausgrabungen in neolithischen Siedlungen lassen annehmen, dass der fettreiche Samen wie Getreide geerntet und im täglichen Brei mitgekocht wurde.

Weit auffälliger bemerkbar macht sich der **Löwenzahn**, aus vielen Pflasterritzen schiebt er seine gelben Köpfchen. Ihr Aufblühen zeigt den Beginn des Erstfrühlings an. Aber nicht nur dafür wird *Taraxacum officinale* geliebt. Etwas später überzieht leuchtendes Gelb wie ein Meer ganze Wiesen. Und dann erst die „Pusteblumen", die nicht nur Kinder gern pflücken, um die Schirmchen, die kleinen Früchte mit den weißen Haarkronen, weit wegzublasen. Wer alle auf einmal schafft, darf sich was wünschen.

Der Stadt- und Landbewohner hat sehr lange Wurzeln, die Nährstoffe aus bis zu zwei Metern Tiefe ziehen können. Pflasterritzen statt saftiger Wiese sind also kein großes Problem. Ein bisschen mickriger natürlich bleibt er hier. Der kleine gelbe Löwenzahn ist eine der anpassungsfähigsten Pflanzen überhaupt, auch im Straßendschungel kann er sich bestens behaupten. Sein Name übrigens hat mit den gezähnten Blättern zu tun. An sonnigen Orten werden die Blattzähne besonders spitz und einem Raubtiergebiss recht ähnlich.

Die Löwenzahnblätter haben es in sich. Neunmal so viel Vitamin C und vierzigmal so viel Vitamin A sollen sie enthalten wie Salat aus der Plastikfolie, dreimal so viel Eisen wie Spinat. Zart und jung gegessen, vertreiben sie die Frühjahrsmüdigkeit, und der Verdauungsapparat wird angeregt. Der angenehm bittere Geschmack kommt besonders gut zur Geltung mit etwas Öl, Salz und Essig, Zwiebeln und klein gehacktem Ei. Mit einer Speck-Rahmsoße wird Löwenzahn zur Delikatesse. Geröstete Wurzeln können koffeinfreier Kaffeeersatz sein, wegen des hohen Inulingehaltes besonders für Diabetiker geeignet. Sogar die Knospen und Blüten sind zu genießen. ■

■ 100.000 Löwenzahnblüten muss ein Bienenvolk besuchen für ein Kilogramm Honig.

■ Die Blumenstängel von unten aufspalten, in Wasser halten – und es gibt schöne Ringellocken. Eine fröhliche Kindheitserinnerung der Autorin.

Forschung in der Pflasterritze

Für Stiletto-Trägerinnen sind sie ein Albtraum, für Dr. Thomas Nehls von der Technischen Universität eine kleine Wunderwelt – die Pflasterfugen. Vier Jahre lang hat sich der Wissenschaftler mit dem Boden in den Ritzen im Kopfsteinpflaster oder zwischen den Gehwegplatten beschäftigt und dabei Erstaunliches herausgefunden.

Rund 300 Quadratkilometer der Berliner Stadtfläche sind versiegelt. Ein Drittel davon ist bebaut. Der Rest sind Straßen, Gehwege und Plätze. Das entspricht etwa 30.000 Fußballfeldern. Auch diese Flächen sind größtenteils betoniert oder asphaltiert. Wie viele davon gepflastert sind, weiß man nicht genau. „Auf jeden Fall viel zu wenig", meint Thomas Nehls. Denn wo es durchlässiges Pflaster gibt, fließt der Regen nicht ungenutzt in die Kanalisation, sondern kann Pflanzen bewässern oder ins Grundwasser sickern.

Doch die Ritzen haben noch einen weiteren Vorteil. Bodenproben ließen erkennen, die obersten Zentimeter sind deutlich dunkler als die Erde darunter. Zahlreiche Schadstoffe, Feinstäube und Ruß, der beim Verbrennen von Diesel entsteht, haben sich hier abgesetzt. So sind sie sicher gelagert, werden kaum noch aufgewirbelt. Denn bleiben sie in der Luft, können wir sie einatmen, Bronchitis oder Krebs bekommen.

„Eigentlich ist das kein Boden mehr, sondern Zivilisationsdreck", erklärt Thomas Nehls. Aber dieser habe eine ganz besondere Eigenschaft, er halte anderen Dreck zurück. Bisherige Untersuchungen zeigten, dass sich vor allem im oberen Bereich der Ritzen Schwermetalle angesammelt haben – Blei aus Abgasen, Kupferabrieb von Bremsbelägen, Zink aus

■ Thomas Nehls baut ein Lysimeter am Großen Stern ein.

den Reifen. Können die ins Grundwasser gelangen? Um das herauszufinden, wurden an mehreren Stellen der Stadt wie am verkehrsreichen Großen Stern im Boden sogenannte Lysimeter installiert. Sie fangen das Sickerwasser auf. Analysen ergaben: In tieferen Schichten nimmt der Gehalt der gefährlichen Stoffe deutlich ab. Der große Anteil Kohlenstoff in den Ritzen bindet die Schwermetalle, sodass Fugendreck ein idealer Filter ist und das Wasser sauber hält. Und er bleibt lange wirksam! Selbst 40 Jahre alte Ritzen können, laut Thomas Nehls, nach wie vor Schadstoffe aufnehmen. Pflasterritzen sind also gut fürs Wasser und unsere Gesundheit.

Inzwischen wurden die Forschungsergebnisse international publik. Auch im Berliner Senat gibt es Überlegungen, Straßen und Gehwege künftig anders zu gestalten, mit mehr offenen Flächen. Denn was die kleine Ritze schafft, kann eine größere Bodenfläche erst recht. ■

■ Hier sind die Pflasterritzen besonders breit.

17 Steppen-Salbei · Hunds-Rose · Wilde Malve · Mauerpfeffer · Parlament der Bäume

Berliner Mauer mal grün

Wie mit einem lila Teppich schien die große Wiese am Hang in manchen Jahren überzogen. Verstreut saßen Grüppchen zwischen den hochgewachsenen Pflanzen. Das ist vorbei. Zu viele Menschen sind es geworden – mit Karaoke und den Massen an Flohmarkt-Besuchern. Fast wie ein Wallfahrtsort mutet der Mauerpark an manchen Wochenenden an. Und der lila Steppen-Salbei? Der lässt sich nicht so einfach vertreiben, schließlich wollte man ihn hier unbedingt haben.

Als der Hang nach der Wende begrünt wurde, war **Steppen-Salbei** mit in der Saatgutmischung drin. Hoch zum Jahn-Sportpark sollte eine bunte, wilde Wiese entstehen, mediterran angehaucht, genau wie die Anmutung der Bäume. Seit 1994 wächst hier eine „Toskana im Prenzlauer Berg". Vielleicht nicht ganz so, wie die Architekten es vorhatten, aber spannend allemal, mit Pyramidenpappeln und Säuleneichen, deren schlanke Form ein wenig an Zypressen erinnert.

Dass der Salbei mal derart das Rennen macht, war jahrelang nicht abzusehen. Erst nach dem trockenen Sommer 2003, als alles wie weggebrannt war, ging es mit der Farbe Lila richtig los. Die Pflanzen säen sich selber aus, es wurden immer mehr. *Salvia nemorosa* konnte mehrere Wochen lang das Bild des Mauerparks bestimmen.

Inzwischen hat er sich an sicherere Stellen verzogen. Wächst üppig entlang der Treppe und um die Zierapfelbäume herum, mit den stacheligen Rosenröcken. Die Idee der Parkarchitekten damals, die jungen Bäumchen mit Hecken aus Hunds-Rosen zu umgeben, kommt dem Salbei heute zugute. Wer setzt sich schon gern neben kratzendes Gebüsch? Hier aber können die genialen Tricks des Lippenblütlers gut beobachtet werden.

Für Hummeln und Bienen gibt es kein Halten mehr, wenn im Juni die Blüten voll entfaltet sind. Die nämlich haben einen interessanten Mechanismus, den man mit einem Hölzchen selbst erforschen kann: Man drückt auf die Unterlippe – als wenn sich ein Insekt auf die Blüte setzt –, und das plattenartig umgewandelte Staubblatt klappt nach hinten, kann nun wie ein Hebel wirken. Dadurch werden die anderen zwei pollentragenden Staubblätter aus der Oberlippe bewegt.

Der Steppen-Salbei ist mit dem allseits bekannten Salbei verwandt, riecht und schmeckt aber nicht wie Salvia officinalis.

■ Durch einen speziellen Hebelmechanismus bringen Salbeiblüten ihre Pollen aufs Insekt.

Sucht die Hummel nach dem Nektar, drückt sie „aus Versehen" die Platte nach hinten. Sofort schlagen die anderen Staubbeutel auf ihren Rücken und laden dort die Pollen ab. Fliegt die Hummel zur nächsten Blüte, fliegt der Pollen mit. Eine ausgetüftelte Art der Fremdbestäubung, die nur mit Hummeln und großen Bienen funktioniert.

Gleich nebenan, wenn man die Treppe zur Graffiti-Mauer hochsteigt, gibt es anderes zu entdecken. Da nicken an einer Stelle kleine, blaue Glocken. *Campanula rotundifolia* ist die Rundblättrige der vielen Glockenblumenarten. Sie, die gern in Fels- und Mauerspalten wächst, hat zwischen den steinernen Stufen einen festen Platz gefunden. Da sie sich durch dünne, unterirdische Ausläufer vermehrt, ist sie so leicht nicht wegzukriegen. Versuche jedenfalls gab es, beim Treppenputzen von Amtswegen die grünen Bewohner mit rauszurupfen. Doch die „Freunde des Mauerparks" gingen dazwischen, sie wachen streng über die Pflanzenwelt hier und konnten mit erklärenden Worten den kleinen Schönheiten immer wieder das Leben retten. Auch gelbblühendes Fingerkraut gehört dazu, Wolfsmilch, kleiner Klee. Leicht zu übersehen sind sie, werden beim Hochklettern regelrecht „übergangen". Aber wer es nun weiß, kann auf dem Weg hinauf ja mal einen Blick runter zu den Pflänzchen werfen.

Mit ihren sprichwörtlichen Dornen, die, botanisch exakt, Stacheln sind, sollen **Hunds-Rosen** die Zierapfel-Bäumchen auf dem Hang schützen. Ein bisschen an Dornröschen erinnert das undurchdringliche Geflecht. Und wenn im Mai und Juni die Blüten Zartrosa tragen, ist es wirklich wie im Märchen, auch für Insekten aller Art. Bis zu drei Meter hoch kann das Rosengewächs klettern, die Bäumchen oben haben noch genug Platz, ihre kleinen Äpfel reifen zu lassen.

Die Früchte der Rosen, die Hagebutten, beleben auch im Winter den Mauerhang und helfen den Vögeln beim Überleben. „Butte" ist übrigens der altdeutsche Name der Rosenfrucht, wegen ihrer Form, die wie ein kleines Fässchen aussieht. Und ein Fass hieß früher *Butte*. Im 15. Jahrhundert wurde daraus Hagebutte, in Anlehnung an „hag" – Hecke oder Hain. Die roten Früchtchen sind bis heute ein bewährtes Mittel gegen Erkältungen, vor

■ Die Glockenblume muss sich hart behaupten zwischen anderen Treppenbewohnern.

■ Die Hunds-Rose ist die häufigste wild wachsende Rosenart Mitteleuropas. Ihre Blüten zeigen sich nur wenige Tage im Jahr geöffnet.

allem wegen ihres hohen Gehaltes an Vitamin C. Aber auch zu Mus und Konfitüre, Wein und Suppen kann man sie machen.

Von wegen Hunds-Rose, *Rosa canina*. Lateinisch *caninus* heißt tatsächlich hündisch, zum Hund gehörend, und so war es bei der Namensgebung wohl auch gemeint: minderwertig im Vergleich zu Edelrosen. Dabei ist sie sozusagen die „Mutter", viele Zuchtformen stammen von ihr ab. Hecken-Rose klingt da doch viel schöner, auch wenn es wissenschaftlich nicht ganz exakt ist.

Im Schutze der Bäume am Hang hat noch eine andere Hübsche Quartier bezogen, die **Wilde Malve**. Zu großen Büschen ist sie hier herangewachsen. Auf der anderen Seite des Weges, der schnurgerade den Mauerpark durchzieht, gibt es sie im Kleinformat. Versteckt hinter der Wacholderhecke, hat sie ein bisschen Ruhe vor den Picknickern, Jongleuren und Ballspielern auf dem großen Rasen. Auch an den niedrigen Sitzmauern findet sich hier und da ein Malven-Pflänzchen. Seine spiralförmigen, fleischigen Pfahlwurzeln sind fest im Erdreich verankert, sonst hätte die Malve hier wohl keine Chance und würde zertreten oder rausgerupft.

Der hohe Schleimstoffgehalt macht Malva sylvestris bis heute auch als Hustenmittel interessant. Und bei Entzündungen von Mund, Rachen und Atemwegen hilft die Malve im Tee, sie wirkt entzündungshemmend und reizlindernd.

■ Die Blüten der Malve werden von der Lebensmittelindustrie zum Färben genutzt. Die auf beiden Seiten weich behaarten Blätter der Wilden Malve sind fünf- bis siebenfach gelappt und haben einen gekerbten Rand.

Zwölf Malvenarten gibt es in Europa, und alle sind essbar. Empfohlen wird aber nur die Wilde Malve und die kleinere weißrosa Weg-Malve. Malvenblätter können einen Salat bereichern. Die Blüten und die geschälten jungen Früchte eignen sich zum Garnieren.

■ Weg-Malve

■ Wilde Malve

Malva sylvestris kann bis zu 1,20 Meter hoch wachsen. Hier aber muss man nach unten schauen, um die rosavioletten Blüten mit den dunklen Streifen überhaupt wahrzunehmen. Solch ein „Schattendasein" haben sie bei Weitem nicht verdient. Schön und wild und nützlich – diese gute Kombination wurde schon in der Antike geschätzt: Malven waren Arznei, aber auch billige Nahrung für die arme Bevölkerung. In Mitteleuropa breit gemacht hatte sich die aus Asien und Südeuropa Stammende bereits seit der jüngeren Steinzeit. Sie wurde sogar angebaut und schon 700 v. Chr. erwähnt. 1000 Jahre später stand die Wilde Malve in der Verordnung *Capitulare de villis et curtis imperialibus*, erlassen von Karl dem Großen. Als eine von 73 Nutzpflanzen und Heilkräutern, die in allen kaiserlichen Gütern von den Verwaltern angepflanzt werden sollten.

Auch Große Käsepappel wird sie genannt. Doch mit der Pappel, wie man annehmen könnte, hat das nichts zu tun. „Papp" hieß früher der Kinderbrei, der aus den schleimhaltigen Früchten gemacht wurde. Und die sehen, mit etwas Fantasie, einem runden Käse ähnlich.

Eine andere Wirkung, von der wohl der Name Pissblume stammt, ist eher dem Aberglauben zuzuschreiben. Die Fruchtbarkeit einer Frau könne getestet werden, indem man ihren Urin auf die Pflanze gibt. Ist sie nach drei Tagen nicht verdorrt, soll die Frau schwanger sein.

Wer solche Geschichten kennt, wünscht sich vielleicht, dass die Wilde Malve alle Bauarbeiten und die anschließende Parkrenovierung gut übersteht, dem Mauerpark erhalten bleibt. Wegen des Schwangerschaftstests sicherlich nicht, da gibt es heute sicherere Mittel, eher ihrer zarten Schönheit wegen. Denn was wäre ein Park voller Menschen ohne die vielen Farbtupfer übers Jahr – von den hellen Blüten der Zieräpfel und Hunds-Rosen im Mai, dem lila Steppen-Salbei von Juni bis August, den schönen Malven bis in den September hinein, den orange-rot leuchtenden Äpfelchen im Herbst bis zu den dunkelroten Hagebutten dann im Winter.

Dass *Sedum acre* Mauerpfeffer heißt, hat natürlich nichts mit der Berliner Mauer zu tun. Als der **Scharfe Mauerpfeffer** seinen Namen bekam, bezog sich das auf den scharfen Geschmack der Blätter und seine Vorliebe für Mauern und Schutt. Aber der Name könnte auch symbolisch stehen für die geteilte Stadt. Seine sternchenförmigen Blüten überzogen den Mauerstreifen mit dicken gelben Polstern. Von der S-Bahn aus sah man sie vorbeihuschen, zwischen Lehrter Stadtbahnhof und Friedrichstraße, wenn man zum „Tränenpalast" fuhr, der Ausreisehalle der Grenzübergangsstelle. Während andere grüne Bewohner im Mauergelände weggeätzt wurden, konnte er den Herbiziden trotzen, war resistent gegen alle Gifte, die die Grenzanlagen „sauber" halten sollten. So lebte der Mauerpfeffer recht konkurrenzlos hier.

■ Das Dickblattgewächs wird gern zur Dachbegrünung genutzt.

Nährstoffarme Sand- und Steinböden kann das Dickblattgewächs problemlos besiedeln, auch warm und trocken darf es sein, denn seine Blätter sind exzellente Wasserspeicher. Die Spaltöffnungen auf der Blattoberfläche – etwa 18 auf einem Quadratmillimeter – sind tagsüber bei „Wasserstress" geschlossen, ein äußerst wirkungsvoller Schutz vorm Verdunsten. Den kurzen, fadenförmigen Wurzeln genügen wenige Millimeter Erde, zum Wasserziehen aus tieferen Bodenschichten sind sie unfähig. So bleibt nur der oberirdische Speicher-Trick. Ob an Bahngleisen oder auf trockenem Rasen, sandigen Brachen oder auf Dächern und Mauern – die blattsukkulente Pflanze hat so manche Möglichkeiten, in der Innenstadt ein sonniges Dasein zu fristen.

Eine ungewöhnliche Oase gibt es im Herzen Berlins, die immer wieder fragend-interessierte Blicke

Der Saft der Blätter wirkt kühlend und schmerzstillend. Wunden und Geschwüre wurden früher mit Sedum acre geheilt.

■ Der Nektar des Mauerpfeffers, auch Fetthenne genannt, ist für Insekten aller Art leicht zugänglich.

Berliner Mauer mal grün

auf sich zieht, Neugierige aber bisher draußen lässt. Gleich neben dem Haus der Bundespressekonferenz am Schiffbauerdamm verraten Tafeln in vielen Sprachen, dass hier das **Parlament der Bäume** wächst. Durch den über die Jahre dichtgewordenen Blätterwald sind Originalsegmente der Hinterlandmauer erkennbar, übersät mit Fragen, Mahnungen und symbolträchtigen Figuren. Auf einer langen Reihe von Granitplatten stehen die Namen der Maueropfer. Der Berliner Baumpate und Aktionskünstler Ben Wagin hat hier einen grünen Ort der Erinnerung geschaffen, wo Tod und blühendes Leben ganz dicht beisammen sind.

Ein Meer bunter Tulpen ist im Frühling Erholung für die Augen zwischen den kühlen Regierungsbauten. Später dann blühen Kastanien und Linden, im Herbst fallen Walnüsse und Eicheln auf den geschichtsträchtigen Boden, und die gelb gefärbten Blätter von Ginkgo und Birke leuchten mit den roten der Wildbirne um die Wette. Kiefern liefern etwas Grün auch im Winter. Bäume, die über die Jahre gepflanzt wurden von Ministerpräsidenten, SenatorInnen, Bundestagsabgeordneten, als symbolische Zeichen gegen Krieg und Gewalt und die 28 Jahre während Teilung der Stadt.

Von einst 400 Bäumen sind nur 100 übrig geblieben. Die anderen mussten weichen, dem Bau der Bundespressekonferenz und der Parlamentsbibliothek. Die erstaunliche Artenvielfalt auf kleinem Terrain aber ist geblieben. Und weil die Mauerteile seit 2017 unter Denkmalschutz stehen, sind vorerst auch die Pflanzen gerettet. Noch allerdings wachsen sie auf Bauland des Bundes. Der müsste es der Stadt Berlin vermachen – erst dann wird das „Parlament der Bäume" als grüne Denk-Oase hier wirklich Bestand haben. ■

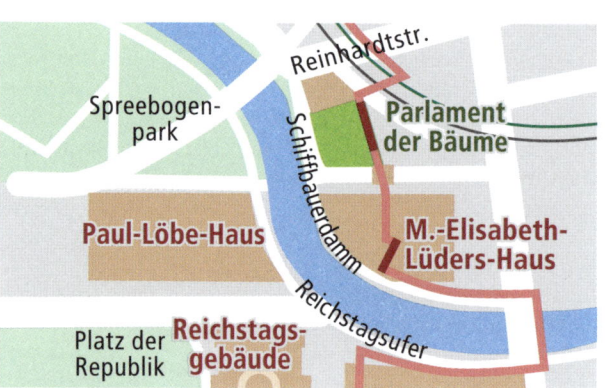

■ Der Verlauf der Berliner Mauer (hellrot) und die noch vorhandenen Segmente (dunkelrot).

■ Das „Parlament der Bäume" neben dem Haus der Bundespressekonferenz. Berlins Baumpate Ben Wagin hat im Regierungsviertel einen ungewöhnlichen Denk-Ort geschaffen.

Der Mauerpark

„Grenzraum wird zum Freiraum. Er ist eine große Lichtung in der Stadt. So einen Raum sollte man nicht vollstellen. Man durchwandert ihn, ist in Bewegung und befreit von der Dichte der umliegenden Stadt und der Nähe der Erinnerung."

So der Entwurfsgedanke des Hamburger Landschaftsarchitekten Professor Gustav Lange zum Mauerpark zwischen den Stadtbezirken Prenzlauer Berg und Wedding. Zur einen Seite ein baumbewachsener Hügel mit Amphitheater, zur anderen eine weitläufige Rasenfläche mit Trommel-, Basketball- und Spielplatz, einem Birkenhain. Gerade hindurch zieht sich die Schwedter Straße. Einst als Grenzstreifen mit Sand bedeckt, der jede Spur sofort offenbarte, kam erst mit Baubeginn des Parks 1993 das alte darunterliegende Natursteinpflaster wieder zum Vorschein. Kleine, anders gepflasterte Quadrate am Straßenrand zeigen, wo einst die Fundamente der Grenzmauer standen. Es ist ein eigenwilliger Park, sparsam bepflanzt. Inmitten des Häusermeers soll man die Weite des Horizonts genießen können.

Doch mit dem Genuss ist das so eine Sache. Längst ist der Park aus keinem Reiseführer mehr wegzudenken, und vor allem an Sonntagen scheint es, haben alle nur ein Ziel – den Mauerpark. Tausende pilgern zwischen Karaoke und Flohmarkt. Viel Grün wird platt getrampelt, von Hintern niedergewalzt, unter Grillfeuern versengt. Die weltweite Beliebtheit des Parks ist zur Belastungsprobe geworden.

Dabei hat er viele Helfer. Seit 1999 kümmert sich der Verein „Freunde des Mauerparks" um seine Belange – Freiberufler, Rentner, Angestellte –, 15 Anwohner gehören ihm an. Sie schneiden in ihrer Freizeit Hecken, beseitigen Müll und kämpfen für ihn. Denn über keinen anderen Berliner Park wurde so viel gestritten wie über den Mauerpark. Es ging um Wohnbebauung am Rand und immer wieder um seine Erweiterung. Seit einigen Jahren nun ist ein Kompromiss gefunden. Bis 2020 soll sich die Fläche des Areals in Richtung Wedding fast verdoppeln. Auf 14,5 Hektar, um den bisherigen Park zu entlasten. Über die Gestaltung haben viele mitbestimmt. Neben den „Freunden des Mauerparks" auch Initiativen und Anwohner, die sich in der „Bürgerwerkstatt Mauerpark Fertigstellung" zusammengeschlossen haben. Und bei Befragungen konnte jeder aus der Nachbarschaft Ideen und Vorstellungen äußern. Ganz oben auf der Wunschliste stehen weniger Lärm und Müll, dafür mehr Bäume, Wiesen und Toiletten.

■ Sonntägliches Karaoke im Amphitheater

Demnächst soll sogar ein Parkmanager nach dem Rechten sehen, helfen, dass bestimmte Verhaltensregeln eingehalten werden. Hoffnung für den Mauerpark, der 2019 fünfundzwanzig ist. ■

■ Zwischen Salbei und Flohmarkt

18 *Hanf · Stechapfel · Bittersüßer Nachtschatten*

Das Kanzleramt im Rausch

■ Hanf – eines der wohl bekanntesten Blätter im Pflanzenreich

Wie hat sich das Hanf-Exemplar, prächtig wie auf einem marokkanischen Feld, bloß hierher verirrt? Von einem Vogel fallengelassen, weil Hanfsamen im Vogelfutter war? Oder hat sich jemand einen Scherz erlaubt, wollte an exklusiver Stelle, zwischen Platz der Republik und Bundeskanzleramt, auf Cannabis aufmerksam machen, eine Pflanze, die bekanntlich die Gemüter spaltet.

Am Straßen- oder Wegesrand mal heimlich **Hanf** aussäen – das gibt bisschen Kick. Man nimmt dafür eher keinen hochgezüchteten teuren Samen, es ist meist Futterhanf, eigentlich für Fische und nicht zur Aussaat bestimmt. Ein rauschloser Scherz am Rande, doch jeder, fast jeder, denkt bei Hanf zuerst an Haschisch und Marihuana.

Die wilde Form, *Cannabis ruderalis*, wirkt nicht psychotrop, lässt die Seele in Ruh. Andere Hanfsorten sind genau zu diesem Zwecke gezüchtet, Hybride gibt es en masse. Eher selten wird man in der City auf Hanf unter freiem Himmel treffen. Auch, weil er nach einer Lebensperiode abstirbt. Er ist einjährig, wie der Fachmann sagt.

Im Nikolaiviertel in Mitte aber steht *Cannabis* garantiert immer, in einer Vitrine im Hanf Museum. Es sind die bisher einzigen legal wachsenden Hanfpflanzen in der Berliner Innenstadt, doch nicht nur deshalb lohnt ein Besuch. Hier wird viel erzählt über das Allround-Gewächs, das weit mehr kann als einen Rausch erzeugen.

Eine der ältesten Kulturpflanzen ist der Hanf. In China nutzt man ihn seit mehr als 10.000 Jahren. Über Indien und die antiken Hochkulturen im heutigen Irak kam der Hanf in alle Welt. Schon die alten Griechen und Ägypter trugen gern Hanfkleider, schätzten aber auch die Wirkung von Cannabis-Gebäck, das „Ausgelassenheit und Vergnügen hervorruft", so der römische Arzt Claudius Galen. Die berühmte Gutenberg-Bibel und die amerikanische Unabhängigkeitserklärung sind auf Hanfpapier gedruckt. Vom Mittelalter bis in die Neuzeit hinein half Hanf gegen allzu heftige Wehenkrämpfe

■ Beim Hanf wachsen männliche und weibliche Blüten in der Regel auf unterschiedlichen Pflanzen. Das Harz aus dem Blütenbereich der weiblichen Pflanze bewirkt Rauschzustände und Sinnestäuschungen.

Das Kanzleramt im Rausch

Der Hänfling mit der roten Brust, ein geselliger Singvogel, hat seinen Namen vom Hanf bekommen. Vögel vor allem verbreiten die Samen, die sich oft im Vogelfutter verstecken.

■ Hanf gibt es in vielen Variationen, z.B. Züchtungen für reißfeste Fasern, ölhaltige Samen, aber auch mit THC-haltigem Harz. Nicht nur Seile – auch die erste Jeans bestand aus Hanf.

und Schmerzen nach der Geburt. Die Fasern wurden zu Seilen, der fettreiche Samen zu Öl.

Seine Wiedergeburt begann in den 1980er Jahren. Ob beim Hausbau oder in der Automobilindustrie, für Farben und Waschmittel, widerstandsfähige Textilien – Hanf ist wieder in Mode. Die Nutzung von einem halben Hundert zertifizierten Sorten hat die EU „erlaubt", cannabinolarmen Zuchtformen, mit einem THC-Gehalt unter 0,2 Prozent.

Ostern 2018 hat das Museumsdorf Düppel zur ersten Hanfaussaat eingeladen. Durch Pollenanalysen weiß man, dass im Mittelalter hier Hanf angebaut wurde. Der soll nun in Berlin-Zehlendorf wieder wachsen, neben anderen alten Nutzpflanzen vergangener Zeiten.

■ Berlin hat das einzige Hanf Museum in Deutschland.

Tödliche Giftigkeit neben dem Kanzleramt? Als die Umgebung des Tipi-Zeltes zur Paul-Löbe-Allee hin neu hergerichtet wurde, hatten sich viele Stechapfel-Pflanzen an einem kleinen Hang breitgemacht. Abgekippte Komposterde war wohl das Geheimnis ihres Hierseins. Den **Stechapfel** bringt aufgewühlter Boden ans Tageslicht. Seine Samen können Ewigkeiten in der Erde ruhen, ohne ihre Kraft zu verlieren, Jahrzehnte, Jahrhunderte sogar keimfähig bleiben. So taucht *Datura stramonium* gern dort auf, wo umgebuddelt wird, bei Ausgrabungen, an Baustellen – oder eben hier, wo alte Erde abgeladen worden war. Der Hang ist längst zur steinernen Treppe geworden und die Vergiftungsgefahr verschwunden. Doch es gibt Stellen, wo das Nachtschattengewächs seit Jahren immer wieder auftaucht. In den Vorgärten der Voßstraße, hinter Berlins großer Shopping-Mall, findet der Stechapfel offenbar passenden Nährboden. In Reichweite der Einkaufswütigen können die in allen ihren Teilen giftigen Pflanzen unbehelligt wachsen – wenn sie nicht bei der Gartenpflege mit rausgezogen werden.

■ Blüte des Stechapfels

Das Kanzleramt im Rausch

Alle Pflanzenteile des Stechapfels sind stark giftig, vor allem durch die Alkaloide Hyoscyamin und Scopolamin. Als die Europäer das Land der nordamerikanischen Ureinwohner eroberten, verloren sie eine Schlacht. Die Truppe, die die Indianer einkesseln sollte, kam zu spät. Der Koch hatte angeblich den „Jimson Weed", einen Stechapfel, für den Salat verwendet. Die Soldaten kämpften daraufhin gegen eingebildete Feinde.

In der Tageshitze sehen die kleinen Giftpflanzen recht traurig und verschlossen aus, doch am Abend öffnen sich die weißen, trichterförmigen Blüten. Zu noch späterer Stunde verströmen sie einen starken, süßlich-bitteren Duft, der Nachtfalter magisch anzieht. Die menschlichen Nachtschwärmer werden die giftigen Innenstadtbewohner wohl kaum bemerken, wer schaut schon in dunkle Vorgärten – es sei denn, man sucht ein zweisames Versteck.

Vielleicht ist dieses Schattendasein ja gerade gut, denn das Gift ist nicht ohne, hat früher sogar als Mordwaffe gedient. Tod durch Atemlähmung – kein schöner Gedanke.

Indianer nutzten den Stechapfel schon seit Jahrhunderten auch als Heilmittel, als visionäre Droge oder als Aphrodisiakum. Im Europa des späten Mittelalters war er Teil der Hexensalben und Liebestränke. Die Alkaloide der Nachtschattengewächse wirken massiv auf das Nervensystem, erzeugen lebhafte Munterkeit, Redefluss, Bewegungsdrang. Aufgetragen auf die Haut, erlebten die Menschen Halluszinationen, z.B. von Hexenritten und erotischen Höhenflügen. Heute nimmt man andere Mittel.

So plötzlich wie er auftaucht, ist er auch wieder weg, der Stechapfel lebt nur ein Jahr. Es sei denn, den Samen gefällt es hier und es sind genügend Nährstoffe da. Dann wächst aus einem schwarzen, harten Samenkorn im nächsten späten Frühjahr ein leicht behaarter Keim, der sich bald teilt. So bekommt die Pflanze ihre typische verzweigte, spitzlose Form. Den ganzen Sommer lang produziert *Datura* weiße Blüten, während sich aus anderen

■ Die Samen des Stechapfels sind hochgiftig. Seine Heimat ist das subtropische Südamerika.

■ Der stacheligen Kapselfrucht verdankt der Stechapfel seinen Namen.

Das Kanzleramt im Rausch

■ Der Nachtschatten ist eine Pollen-Glockenblume: Der Pollen wird erst durch aktives Vibrieren der Insekten freigegeben. Blüten und Früchte hängen gleichzeitig an der Pflanze. Sie kann sowohl klettern als auch am Boden entlangkriechen.

schon „Äpfel" bilden, grüne, stachelige Kugeln, Stechäpfel eben, die in den Achseln der Blätter sitzen. Zum Ende des Sommers springen sie auf und geben mehrere Hundert Samen frei.

Und noch eine „gefährliche", vor allem aber berauschend-schöne Pflanze sucht die Nähe zum Kanzleramt. Die Wurzeln des **Bittersüßen Nachtschattens** sind versteckt unter einer der vielen Hecken-Rechtecke auf dem Platz der Republik. Den Samen könnte ein Tiergarten-Kaninchen hier hinterlassen haben. Denn durch Verdauungsverbreitung findet *Solanum dulcamara* seine Standorte. Zweimal im Jahr, im Frühling und im Herbst, wird die Pflaumendorn-Hecke mit der elektrischen Heckenschere wieder in Form gebracht. Zwischendurch können es die Stängel des Bittersüßen manchmal schaffen und oben herauswachsen. Er ist ein kletternder Halbstrauch, ein „Spreizklimmer", die rückwärts gerichteten Seitensprosse dienen dem Einhakeln. So windet er sich in der Hecke hoch.

Kleine, lila Blüten mit gelben Staubblättern findet man im Juli und August umgeben von grünen und knallroten Beeren. Blühend und fruchtend zugleich – ein Merkmal vieler Nachtschattengewächse. Der Name der großen Familie bedeutet nicht, dass die Pflanzen in der Nacht blühen oder wachsen. „Nachtschade" ist ein altes Wort für Albtraum und meint die psychoaktiven Inhaltsstoffe. In reifen Früchten oder Knollen wie bei Tomaten und Kartoffeln wird das Gift abgebaut.

Die grünen *Dulcamara*-Beeren vor allem sind es, vor denen man sich hüten sollte, sie sind am giftigsten, in ihnen ist der Alkaloid-Anteil am höchsten. Die roten verlocken eher zum Essen, dann aber ist das Nervengift schon fast verschwunden. Und sie schmecken auch nicht mehr bitter, eher süßlich. Bitter-süß – was der Pflanze den Namen gab.

Erlenbrüche und Waldlichtungen waren einst sein Terrain, doch der Nachtschatten hat sich inzwischen auch ans Trockene gewöhnt. Ein bisschen Feuchtigkeit aber gefällt ihm noch immer. Am Spreeufer nahe der Friedrichstraße scheinen seine zierlichen lila Blüten und leuchtenden Beeren den vorbeischippernden Schiffsgästen zuzuwinken. Und wer offenen Auges durch die City wandert, wird den Giftig-Schönen ziemlich sicher hier und da finden. ■

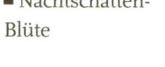

■ Nachtschatten-Blüte

Von Morden und Orgien

„Ihr kennt den redlichen Sokrates / Der stets die Wahrheit sprach: / Ach nein, sie wussten ihm keinen Dank / Vielmehr stellten die Obern böse ihm nach / Und reichten ihm den Schierlingstrank." (Bertolt Brecht: Das Salomon-Lied.)

■ Jacques-Louis Davids: Der Tod des Sokrates, 1787.

399 v. Chr. leerte der griechische Philosoph Sokrates den Becher mit dem tödlichen Inhalt. Seine konservativen Mitbürger hatten ihm u.a. „schädliche Beeinflussung der Jugend" und „Gottlosigkeit" vorgeworfen. Das Getränk war damals als Strafvollzugsmittel in Mode. Bis heute zählt der Gefleckte Schierling zu den giftigsten einheimischen Pflanzen. Sein Wirkstoff, das Alkaloid Coniin, kann für Erwachsene schon in einer Dosis von nur einem halben Gramm tödlich sein. Es wirkt auf das Nervensystem, der Tod tritt durch Atemlähmung ein.

Seit alters her sind Giftmorde eine gängige Methode, unliebsame Mitmenschen aus dem Weg zu räumen. Effizient, billig, einfach zu handhaben. Berühmte Herrscher wie der römische Kaiser Claudius fielen solchen Anschlägen zum Opfer. Seine Frau hatte ihm Pflanzengift ins Essen gemischt. Um solcher Gefahr zu entgehen, wurden auch bei den preußischen Königen Vorkoster und Mundschenke eingesetzt, und ein gekröntes Haupt neigte sich erst dann über Teller und Becher, wenn diese den Genuss von Speis und Trank überstanden hatten.

Doch auch Erfreulicheres steht geschrieben. Die Literatur berichtet von Orgien mit geheimnisvollen Liebes- und Zaubertränken, von sagenhaften „Hexensalben", mit denen sich die Teilnehmer einrieben, um zum sogenannten Hexensabbat „zu fliegen". Vor allem Nachtschattengewächse wie Bilsenkraut, Tollkirsche und Stechapfel werden immer wieder als Ingredienzien genannt. Wissenschaftler haben heute dafür eine einfache Erklärung: die halluzinogenen Inhaltsstoffe Scopolamin und Atropin. Ersteres verursacht einen halb wachen Zustand, wobei die Willenskraft stark beeinträchtigt ist, Denk- und Sprachfähigkeit jedoch erhalten bleiben. Atropin wirkt anregend auf das Zentralnervensystem. Beide können einen Zustand des Schwebens vorgaukeln und wecken außerdem noch sexuelle Lust. Eisenhut wurde ebenfalls gern und häufig genutzt. Es enthält das Alkaloid Aconitin, ein Nervengift, das heute wie Morphin oder Chinin in der Pharmazie eingesetzt wird. Falsch dosiert, ist jedes dieser Gewächse hochgiftig. ■

19 *Acker-Filzkraut · Sandstrohblume*

Erstaunliche Vielfalt

■ Das unscheinbare Acker-Filzkraut, dicht wollig-filzig behaart, ist verwandt mit dem alpinen Edelweiß.

Welche Arten wachsen in Berlin? Sind es mehr als früher? Was ist verschwunden, was vielleicht wiedergekommen? Noch einmal nimmt der Pflanzendetektiv das unscheinbare Kraut unter die Lupe. Kann das wirklich Filago arvensis sein? Jahrzehntelang war es in Berlin nicht mehr gesichtet worden. Nun steht das verschollen Geglaubte in einer Pflasterritze vorm Parlament aller Deutschen.

Filzkraut vorm Reichstag? Weißwollig sind Stängel und Blätter, die Blütenköpfchen ein Knäuel. Derjenige, der das **Acker-Filzkraut** Mitte der 1990er Jahre hier entdeckt, ist wissenschaftlich unterwegs. Fast jedes Wochenende durchstreift Bernd Machatzi mit Gleichgesinnten vom Botanischen Verein von Berlin und Brandenburg die Stadt. Berlin haben sie aufgeteilt in 153 Planquadrate, und jeder sucht akribisch die ihm zugeteilten Stellen ab. Ein Atlas der Farn- und Blütenpflanzen soll entstehen, wie ihn London und Rom, Zürich und Wien damals längst schon haben. Die jahrzehntelang geteilte deutsche Hauptstadt hat Nachholbedarf. Nach dem Mauerfall gibt es in Ost und West auch botanische Aufbruchsstimmung.

Das Filzkraut ist ein „Wendegewinner". Zu DDR-Zeiten, als um Berlin die Felder intensiv und mit Chemie beackert wurden, war der unscheinbare Korbblütler verschwunden. Doch dann, als die Bauern Stilllegungsprämien bekamen, Felder verwilderten, gab es eine neue Chance.

Darauf hatten die Samen im Boden nur gewartet. Keine Herbizide machten ihm nun den Garaus, keine Feldkulturen nahmen ihm mehr Licht und Nährstoffe weg.

Dass es auch in die Stadt zurückgefunden hat, verdankt das Filzkraut einer besonderen Eigenschaft: Die Samen mit den kleinen Fallschirmchen sind so leicht, dass der Wind sie kilometerweit mit sich tragen kann. Mitte der 1990er Jahre sorgte *Filago* bei Fachleuten noch für Staunen. Dann aber eroberte der pelzige Winzling die Stadt. Und auch wenn ihn in den Ritzen zwischen Pflastersteinen immer wieder Schuhsohlen niedertraten – im Vergleich zum Überlebenskampf auf den intensiv bewirtschafteten Feldern von einst war das Dasein in der City fast ein Vergnügen.

Inzwischen hat sich das Filzkraut wieder rar gemacht, Brachen werden wieder bestellt und das Acker-Unkraut verschwindet von den „ordentlichen" Feldern. Kaum neue Samen fliegen nun Richtung Haupt-

■ Die winzigen Samenkörner hängen wie an einem Fallschirm und können so sehr weit fliegen.

stadt. Doch das Kraut ist noch in Berlin, taucht mal da, mal dort auf – wie im Flaschenhals-Park am Gleisdreieck. Auf der sandigen, offenen Fläche am Fuße der Monumentenbrücke zum Beispiel, wo auch Salzkraut und Wanzensame einen Rückzugsort gefunden haben.

Auf die **Sandstrohblume** sind die Berliner Pflanzendetektive besonders stolz. Mehr als 800 Arten an Farn- und Blütenpflanzen haben sie allein im Berliner S-Bahn-Ring aufgespürt, darunter auch den kleinen Schatz *Helichrysum arenarium*. Fachkollegen aus anderen Bundesländern schauen neidisch auf die zartgelben Polster mitten in der Stadt. Die Spezialistin der Dünen und des Sandrasens genoss die Abgeschiedenheit so mancher offenen Stellen im früheren Mauerstreifen wie nahe der Bundesdruckerei an der Kommandantenstraße. Und auch wenn immer mehr zugebaut wird – die kleine Strohblume lässt sich nicht unterkriegen, will sich nicht aus der City vertrieben lassen. Sogar eine Baumscheibe am Straßenrand kann ihr genügen wie am Reichpietschufer hinterm Potsdamer Platz. Und auf dem Schinkelplatz mit Blick zum Schlossneubau bewohnt sie ein besonders exquisites Wiesenstück.

Das trockenwarme Stadtklima hat es der Pflanze angetan. Ein dichtes weißwolliges Haarkleid schützt sie vorm Austrocknen. Sterben die Hüllblätter ab, werden sie glänzend und strohig. Dass die zierlichen Gelben auch nach dem Pflücken noch lange ihr Aussehen behalten, hat man sich früher zunutze gemacht. Zu Immortellenkränzen gebunden – von lat. *immortalis*, unsterblich – schmückten sie so manches Grab. Zusammen mit den rosafarbenen Verwandten, den Katzenpfötchen, gab das ein zartes, anrührendes Bild und ein lange währendes. Doch die gelben Immortellen erfüllten noch andere Zwecke: Ein *Helichrysum*-Sträußchen half, Motten zu vertreiben. Und „Katzenpfötchenblütentee", der heute noch als Hustenmittel verkauft wird, ist genau genommen ein Getränk aus Sandstrohblumen.

Egal wofür, der kleine Korbblütler sollte heute nicht mehr abgepflückt werden. In Berlin steht die Trockenpflanze zwar nicht auf der Roten Liste, aber in Deutschland gilt sie als gefährdet und ist nach Bundesartenschutzverordnung geschützt. ■

■ Ein dichtes weißwolliges Haarkleid überzieht alle grünen Teile der Sandstrohblume. Es schützt die Pflanze vor dem Austrocknen. Die Hüllblätter sind durch Flavone gelb gefärbt.

■ Führung zum Langen Tag der Stadtnatur an der Friedrichswerderschen Kirche

Der Botanische Verein

„Eine größere Anzahl Teilnehmer, darunter auch eine Dame, fuhren am Sonnabend, den 10. Juni, um 1 Uhr 20 vom Lehrter Fern-Bahnhof nach Glöwen, um dort in die Havelberger Lokalbahn umzusteigen, die sie nach zehn Minuten Fahrt bei der Station Nitzow verließen. Eine größere Anzahl Havelberger Herren ... erwartete sie am Bahnhof, und unter ihrer Führung wanderte man dann längs der Havel-Ufer über Dahlen und Toppel nach Havelberg." So heißt es 1911 im Bericht über die 94. Hauptversammlung des „Botanischen Vereins der Provinz Brandenburg".

Einfach war es nicht zu jener Zeit, das etwas abseits der großen Verkehrsstraßen gelegene Havelberg zu erreichen. Die Herren, die damals so manche Unbequemlichkeit auf sich nahmen, weil sie das heimische Pflanzenreich erkunden wollten, waren meist Lehrer, Ärzte oder Apotheker. Ob die Dame einem Beruf nachging, ist nicht bekannt.

Unter den Teilnehmern der Exkursion war auch ein etwas korpulenter Herr mit Hut, der damals gerade 77 Jahre alt gewordene Ehrenvorsitzende Doktor Paul Ascherson. Der Mediziner und Botaniker hatte am 15. Juni 1859 in Eberswalde den „Botanischen Verein für die Provinz Brandenburg und die angrenzenden Länder" mit gegründet und galt jahrzehntelang als dessen „Seele". Seine „Flora der Provinz Brandenburg" von 1864 ist noch immer eine wahre Fundgrube für Lokalfloristen und als Nachdruck beim Verein erhältlich.

Der „Botanische Verein von Berlin und Brandenburg" – wie er heute heißt – ist einer der ältesten in Deutschland. Seine mehr als 300 Mitglieder erforschen neben den Farn- und Blütenpflanzen auch Pilze, Moose und Flechten. Über ihre Entdeckungen berichten sie regelmäßig in Vorträgen und Publikationen wie den „Verhandlungen", die seit der Gründung erscheinen. Um die Flora und ihren Wandel zu dokumentieren, haben sie bisher rund 7.000 getrocknete und gepresste Berliner Pflanzen in einem Herbar zusammengetragen. Und natürlich finden nach wie vor

■ Paul Ascherson nebst Dame bei einer Exkursion

> Wer mehr über die Pflanzenwelt in Berlin und Brandenburg erfahren möchte oder Lust hat, gemeinsam mit anderen in der Natur Pflanzen zu entdecken, ist auf www.botanischer-Verein-brandenburg.de richtig.

■ Vereinsmitglied Bernd Machatzi bei der floristischen Spurensuche

Exkursionen statt. Wie einst gehen dann Mitglieder und Interessierte auf Erkundungsreisen ins Umland. Übrigens, deutlich mehr Damen sind nun dabei. Und sogar den Vorsitz hat eine Frau: Dr. Birgit Seitz vom Institut für Ökologie an der TU Berlin. ■

Rasen betreten erlaubt

- Lat. *Tres* = Drei, *folium* = Blatt, der wissenschaftliche Name *Trifolium* steht für dreiblättrig.

Auf manchem Rasen liegen weißliche Polster. Wachsen auch mal so weit in die Höhe, dass man kleine Sträußchen pflücken könnte. Doch wer käme auf diese Idee? Ist ja nur läppischer Klee. Wie viele Füße ihn an schönen Tagen auch niederdrücken – den hellen Kugel-Blüten scheint das nicht viel auszumachen. Andere würden das nicht ertragen.

Der **Weiß-Klee** kann den Tritten recht gut widerstehen. Dicht am Boden hangelt er sich entlang, mit Trieben, die sich immer weiter verzweigen. An den Knoten schlagen sie Wurzeln. So kann eine einzige Pflanze des Kriech-Klees im Verlauf eines Sommers mehrere Quadratmeter bedecken. Ein sehr einnehmendes Wesen also hat der kleine Klee.

Und dazu eine mächtig lange Pfahlwurzel, die noch Wasser und Nährstoffe aus der Tiefe ziehen kann, wenn die Sonne den Gräsern drum herum längst die Kraft geraubt hat. Resistent gegen Tritt und Trockenheit, da macht *Trifolium repens* so ziemlich allen was vor.

Die Köpfchen sehen unten oft schon traurig aus, wenn oben noch alles in frischer weißer Pracht steht. Denn die vielen Einzelblüten, die kugelig zusammenstehen, blühen von unten nach oben auf. Haben sie ihren Sinn erfüllt, nämlich Insekten anzulocken, lassen sie sich einfach hängen, schlagen den langen Stiel, an dem sie sitzen, nach unten um und färben sich bräunlich-rosa. Die frischen Blüten oben aber verführen weiter mit ihrem schwachen Honigduft, hier tummelt sich alles: Bienen und Hummeln, Tagfalter und Schwebfliegen. Denn die Schmetterlingsblüten enthalten viel Nektar, der an der Innenseite der Staubblätter abgesondert wird und durch einen speziellen Mechanismus an den Besuchern hängen bleibt.

So ist der Weiß-Klee eine außerordentlich gute Bienentrachtpflanze und wird mancherorts sogar angebaut. 100 Kilo Honig je Hektar sollen in einer Saison möglich sein. Hier aber bringt er vor allem Abwechslung ins Rasengrün. Zum Beispiel im Henriette-Herz-Park, gleich neben dem Sony Center am Potsdamer Platz. Oder auf dem Platz der Republik, wenn er im regelmäßig aufgefrischten Riesen-Rasen wieder neue Blütenpolster produziert.

- Kugeliges Köpfchen mit 40 bis 80 Einzelblüten

Gänseblümchen sind eine gute Beimischung zum Salat, vor allem die jungen Blättchen aus dem Inneren der Rosette. Die Blütenknospen schmecken nussartig, die geöffneten Blüten leicht bitter. Sauer eingelegte Knospen können Kapernersatz sein.

Dem **Gänseblümchen** ist auf den meisten City-Rasen viel zu viel los, das verkraftet es nicht. Es sucht sich ruhigere Plätzchen. Gepflegte, stille Ecken sind genau das Richtige für *Bellis perennis*, die Schöne. Der lateinische Name *bellis* bedeutet schön, *per* heißt durch und *annus* Jahr, also frei übersetzt: schön und ausdauernd oder die Hübsche, die das ganze Jahr hindurch blüht. Das ist nicht vielen Pflanzen gegeben, und so ist das kleine Gänseblümchen etwas ganz Besonderes.

Das wussten schon die alten Germanen. Die sich öffnende Blüte verkündete die Anwesenheit des Sonnengottes Baldur. Ist es dunkel und feucht, schließt sich der Blütenkopf, sobald ihn aber ein Sonnenstrahl trifft, öffnet sich das Blütenkörbchen und reckt sich wohlig dem Licht entgegen.

Sagen und Geschichten gibt es durch die Jahrtausende. Eine christliche Legende erzählt, dass die zarten Blümchen den Tränen Marias entsprangen, als die Heilige Familie auf der Flucht nach Ägypten war. Marienblümchen also oder Augenblümchen, aber auch ganz praktisch: Angerblümchen, Gänseliesel, Maßliebchen. Der Anger war ein freier Grasplatz inmitten des Dorfes, wo Mädchen Gänse hüteten.

Eine abgeweidete Wiese entspricht genau den Vorlieben der kleinen Pflanze. So ist ihr ein gepflegter Rasen, der oft gemäht wird, gerade recht. Denn das Gänseblümchen braucht es hell. Es blüht, bevor Gräser und Kräuter ihm über den Kopf wachsen. Zwischen März und Oktober bringt die Blattrosette gestielte Blütenkörbchen hervor. Die Speicherpflanze überlebt selbst den Winter im Schnee.

Aber vielleicht will man das ja gar nicht so genau wissen, sondern sich einfach freuen am strahlenden Weiß-Gelb. Mal wieder das alte Zählspiel machen „Er liebt mich, er liebt mich nicht …". Oder den Kindern erzählen, wie man früher Kränze geflochten hat. Und dass in Harry Potters Schrumpftrunk auch zerkleinerte Gänseblümchenwurzeln kamen. In der keltischen Mythologie nämlich kann der Genuss der kleinen Pflanze das Wachstum dämpfen.

Die Kleinsten können eben manchmal die Spannendsten sein. Recht selten sind sie geworden in der Innenstadt, aber wer sie am Tiergartenrand irgendwo findet, weiß, dass der Rasen hier gut gepflegt wird. ∎

Rasen – „Sprengung"

„Aaach ist das schööön, aaach ist das schööön, aaach ist der Rasen schön grün ...", staunte einst der zeitweise auch in Berlin lebende Schauspieler und Kabarettist Wilhelm Bendow. Und er hatte recht. Denn eigentlich ist es mehr als erstaunlich, dass mitten in der Stadt Rasen grünt, wird er doch mehr belastet als ein Fußballfeld.

Tausende sitzen, liegen, stehen täglich auf ihm herum. „Die Nutzung hat in den letzten Jahren extrem zugenommen. Das ist eine Katastrophe für den Rasen, erklärt Stephan Herbarth vom Grünflächenamt Tiergarten und Moabit. Eigentlich ist es ein robuster Sport- und Spielrasen, der viele Gräser wie Schwingel enthält. Sie bringen hohe Trittfestigkeit und starke Verzweigungen im Wurzelbereich, die notwendig sind für einen strapazierfähigen „Gebrauchsrasen". Doch vor allem in den Sommermonaten sind Flächen auch schon mal bräunlich und kahl. „Da hilft auch die beste Pflege nicht", so Stephan Herbarth.

300 Hektar Rasenfläche gibt es in Mitte, mehr als in vielen Zentren anderer europäischer Hauptstädte. 20 Mitarbeiter kümmern sich um den Rasen. Wöchentlich wird gemäht. Vier Zentimeter ist die optimale Wuchshöhe. Das Schnittgut bleibt liegen, dient so gleich wieder als Nährstoff. Im April oder Mai, wenn der Rasen sehr regenerationsfähig ist, wird belüftet, vertikutiert wie es in der Fachsprache heißt. Kleine Messer ritzen dabei die Grasnarbe auf, um Mulch, verrottete Schichten und Moos zu entfernen.

Mit dem in Gartencentern angebotenen Samen „Berliner Tiergarten" hat der echte Tiergartenrasen nichts zu tun.

Anschließend kommt der Aerifizierer ins Spiel. Eine Maschine, die zehn Zentimeter tiefe Löcher in die Rasenfläche sticht. Immerhin 300 auf einen Quadratmeter. Diese werden dann mit einem Sand-Boden-Gemisch wieder aufgefüllt. Dadurch wird der durch die ständige Nutzung verdichtete Boden aufgebrochen, Wasser kann wieder besser eindringen, ebenso Nährstoffe. Denn jetzt wird gedüngt. Mit einem Langzeitdünger, der nach und nach wichtigen Stickstoff, Kali und Phosphor abgibt.

Dann wird's richtig gefährlich: Vorsicht Rasen – „Sprengung"! Warum man den Rasen sprengt, wenn man ihn bewässert, hat mit den Besonderheiten der deutschen Sprache zu tun. Spargere ist das lateinische Lehnwort, das verteilen bedeutet. Später wurde daraus sprengen, und durch Weglassen des Objekts wird nicht mehr Wasser auf den Rasen, sondern der Rasen gesprengt. Also statt Dynamit

■ Freischneider werden vor allem in Randbereichen eingesetzt.

gibt's Nass, bei Hitze zweimal wöchentlich 20 Liter pro Quadratmeter, natürlich Spreewasser. ■

■ Großflächenmäher sind, wie hier auf dem Platz der Republik, auch im Tiergarten im Einsatz.

21 Wegwarte · Huflattich · Mäusegerste · Leinkraut · Beifuß · Fuchsschwanz

Am Straßen- und Wegesrand

■ Die Blüte der Wegwarte welkt schnell, ist bei warmem Wetter gerade mal einen Vormittag lang geöffnet. Ist es kühler, schafft sie es auch bis zum Abend.

Mit Kopfhörern oder Ohrstöpseln vorm Quietschen der Straßenbahn und Surren der Autoreifen geschützt, könnte man sich auf einer bunten Wiese wähnen. Doch es sind Mittelstreifen stark befahrener Verkehrsadern, der Mollstraße gleich hinterm Alex, der Potsdamer Straße Höhe Philharmonie oder der Axel-Springer-Straße am Spittelmarkt. Wer über die Fahrbahn hastet, hat aber natürlich anderes im Sinn als – Pflanzen.

Der Sage nach ist sie eine verwunschene Jungfrau, die am Wege auf ihren Liebsten wartet. Und irgendwie scheint die **Wegwarte** tatsächlich zu verharren, aufrecht und steif Ausschau zu halten mit ihren himmelblauen Augen. Man würde die Sperrige mit der durchlässigen Gestalt glatt übersehen, wären da nicht diese leuchtenden Körbchenblumen, die nur aus Zungenblüten bestehen.

Die Kulturformen von *Cichorium intybus* sind Chicorée, Radiccio, Zuckerhut und Zichorienwurzel. Vor allem die Wurzeln dienten schon im Altertum den Griechen und Römern als Heilpflanze und Gemüse. Der Inhaltsstoff Inulin z.B. regt den Gallenfluss an und senkt den Harnsäurewert. Die Blätter wurden zum magenstärkenden Salat. Der in den Stängeln enthaltene Milchsaft half gegen Augenleiden und Vergiftungen. Viel später kam man auf die Idee, Kaffee aus den Wurzeln zu machen. Friedrich der Große hatte den teuren Übersee-Kaffee für das einfache Volk verboten und als Ersatz große Zichorien-Kulturen anlegen lassen.

Die runden Blauen scheinen eine besondere Magie zu haben. Sie dienten Novalis vor 200 Jahren als Vorbild für die „Blaue Blume" im Romanfragment „Heinrich von Ofterdingen". Sie blieb das zentrale Symbol der Romantik, weil sie vieles vereint: Sehnsucht nach Ferne, Naturliebe, Hoffnung und Streben nach Glück.

Die durch Züchtung längst größer und fleischiger gewordenen Wurzeln wurden getrocknet, geröstet und dann wie Bohnenkaffee gemahlen. Ende des 18. Jahrhunderts entstanden in Deutschland die ersten Zichorienfabriken für den falschen Kaffee, den Muckefuck.

Die Wegwarte ist wahrlich ein guter Freund des Menschen. In der Bachblütentherapie soll sie helfen, besser loszulassen, seine Mitte zu finden. Wenn Sie also einer Zichorie begegnen, schauen Sie der „Blauen Blume der Romantik" mal tief ins schöne Gesicht.

Als erster im Jahr erfreut uns der **Huflattich** am Wegesrand. Wie kleine, gelbe Sonnen schauen die Blüten manchmal schon Ende Februar aus der Erde, lange bevor ein Blatt zu sehen ist – endlich wieder Farbe nach dem Wintergrau. Es ist ein hübsches Schauspiel, wenn sie sich öffnen: Eine nach der anderen blättert sich aus rötlichen Schuppen heraus, bis die 30 Röhrenblüten und 300 Zungenblüten ein strahlendes Körbchen bilden. Das ist auch für Bienen, Käfer und Schwebfliegen ein gutes Zeichen und eine der ersten Nahrungsquellen. Pünktlich am Abend schließen sich die Köpfchen und nicken ein.

Die Hufeisenform der jungen Blätter gab dem Huflattich seinen deutschen Namen. Der botanische *Tussilago farfara* weist auf seine Verwendung hin: Lat. *Tússis* heißt Husten und *agere* so viel wie vertreiben. Schon in der Antike bekämpfte man mit seiner Hilfe den Husten.

Eine Pionierpflanze der Wegränder ist er. Allerdings muss der Boden recht fett, möglichst lehmig sein. Ein bisschen Feuchtigkeit dazu, und *Tussilago* geht es richtig gut. Für Fachleute ist der Huflattich an Straßenrändern ein „Verdichtungszeiger". Selbst auf reiner Braunkohle soll der Korbblütler schon beobachtet worden sein. Das kann sonst keiner.

Hier in der Stadt hängt es von anderen Pflanzen ab, wie lange der Rohboden-Besiedler an einer Stelle bleiben kann. Wird er nicht verdrängt, können aus seinem langen, kriechenden Wurzelstock im nächsten Frühjahr wieder nach und nach die Blütenköpfchen kriechen und zu kleinen, gelben Sonnen werden.

Getreide am Schlossplatz – wo soll das herkommen? Nein, es ist „nur" die **Mäusegerste**, die sich hier gerade mal eingerichtet hat. Der angebauten Gerste sieht sie sehr ähnlich, *Hordeum murinum* aber ist eine echte Stadtpflanze, die Licht und Wärme liebt. Die wiegenden Ähren mit den langen Grannen bringen vom Frühjahr bis weit in den Herbst hinein etwas Landstimmung in die City. Als schönen Kontrast zu den modernen Gebäuden.

Es ist ein einjähriges Gras, das im Herbst keimt und im folgenden Jahr blüht und reif wird. Zur Mehlgewinnung taugt es nicht, aber die Mäuse lieben seine Frucht. Wir aber sollten es lieber nicht anfassen – die Grannen können Schleimhautreizungen hervorrufen.

Das auffällige Gelb des **Gewöhnlichen Leinkrauts** ist ein schöner Schmuck am Straßenrand und kann selbst mitten auf dem Fußweg leuchten. Der zarten Pflanze sieht man die enorme Lebenskraft nicht

■ Eine Huflattich-Blüte öffnet sich.

■ Die Huflattich-Blätter werden wegen ihrer weichen Behaarung auf der Unterseite bei Naturfreunden auch „Wanderers Klopapier" genannt.

Am Straßen- und Wegesrand

▪ Mäusegerste mit Philharmonie

an. Die steckt in der Hauptwurzel, die einen Meter tief in den Boden hinabreicht und unterstützt wird durch lange, waagerechte Wurzelsprosse, eine gute Sicherung nach unten also. Was wir oben sehen von *Linaria vulgaris,* erinnert an das Löwenmaul im Garten. Die schwefelgelbe Oberlippe und die orangegelbe wulstige Unterlippe aber sind fester geschlossen. Ein federndes Gelenk presst sie zusammen, für viele Insekten ein echtes Problem. In die Blüte schaffen es nur lange Rüssel, wie die von Hummeln, oder sehr schmale, wie sie mancher Falter hat. Eine „Kraftblume" also in jeder Beziehung, obwohl man ihr das auf den ersten Blick nicht zutraut.

Der **Beifuß** ist immer da und fast überall. Im Sommer als recht unscheinbar blühender, krautiger Busch, als dürres Stängelgerippe im Winter. An ihm wird vorbeigegangen, ohne hinzusehn. Doch die Weihnachtsgans wäre ohne seine Würze und verdauungsfördernden Eigenschaften ganz schön fade und fett. Er diente früher als Fliegenfänger, wegen seines aromatischen Geruchs. Saßen viele Fliegen auf den aufgehängten Zweigen, wurde einfach ein Sack drüber gestülpt. Und bis heute wird aus den getrockneten Pflanzen das Parfümöl „Essence d'Armoise" hergestellt.

Der Name *Artemisia vulgaris* aber weist noch auf ganz anderes hin: Artemis war nicht nur die griechische Göttin der Jagd und des Waldes, auch die Hüterin der Frauen und Schutzgöttin der Gebärenden. Zu ihren Attributen gehörte das Wermutkraut. Beifuß wird auch Wilder Wermut genannt und war Heilmittel gegen Frauenleiden.

Und schon altsteinzeitliche Großwildjäger sollen die aromatische Pflanze geschätzt haben, rieben sich vermutlich vor der Jagd mit Beifuß ein und tarnten so ihren Körpergeruch. Die Römer hängten Beifuß-Kränze ins Haus, um unsichtbare Störgeister zu vertreiben. Beifuß in die Schuhe gelegt oder ans Bein gebunden, sollte Wanderer

▪ Das Leinkraut wird auch Kleines Löwenmaul genannt.

Am Straßen- und Wegesrand

Die Germanen glaubten an den Liebeszauber eines Beifußgürtels: Er bringe den Lenden die Kraft eines Donnergottes und öffne den heiligen weiblichen Schoß.

vor Müdigkeit schützen, meinte Plinius. Bauern steckten die Zweige zur Johanniszeit über die Haustür oder unter das Dach, um Blitze fernzuhalten. Und gegen Hagelschlag, der die Ernte vernichten könnte, wurde Beifuß an den Ecken des Feldes in die Erde gesteckt.

So viel Geschichte, so viele Geschichten am Wegesrand. Wer Beifuß nun ernten möchte, zumindest zum Würzen, sollte die Triebspitzen abschneiden, solange die unscheinbaren Blütenkörbchen noch geschlossen sind, danach werden die Blätter bitter. Dann im Schatten trocknen, rebeln und in verschließbaren Gefäßen aufbewahren – spätestens bis zur fetten Weihnachtsgans, die mit Beifuß ausgerieben erst gut bekömmlich wird und richtig schmeckt.

Anders als der Beifuß muss sich der **Zurückgebogene Fuchsschwanz** jedes Jahr neue Plätze in der City suchen. Hat ein glänzend schwarzes Samenkörnchen geeigneten Boden gefunden, kann es schnell zur halbmeterhohen, aufrechten Pflanze werden. Wird sie besonders groß, biegt sich der längliche Blütenstand und kriegt einen Buckel. Spätestens aber, wenn dieser „Fuchsschwanz" älter geworden ist und die Last der vielen Nuss-Früchte mit den unzähligen Samen nicht mehr tragen kann.

Amaranthus retroflexus tauchte in Deutschland 1815 auf. Amarant mit seinen mehr als 60 Arten kommt eigentlich aus Amerika und ist eine der ältesten Nutzpflanzen. In Mexiko wurden Amarant-Samen in fast 9.000 Jahre alten Gräbern gefunden. Bei den Azteken, Inka und Maya waren die getreideähnlichen Körner, die an Hirse erinnern, neben Quinoa und Mais eine Hauptnahrung.

Das Brotgetreide der Anden, der Inkaweizen, ist längst auch bei uns entdeckt. Nicht gerade der Zurückgebogene Fuchsschwanz aus der Innenstadt, aber Körner- und Gemüsesorten oder beides kombiniert liefern wertvolles Eiweiß, Kalzium, Kalium, Lysin und Vitamin C. Wie Reis oder Hirse gekocht, zu Mehl gemahlen oder gepufft im Müsli – da ist vieles möglich.

Am Ende eines City-Tages, nach all der Aufregung am Straßenrand, klappt die Pflanze abends einfach ihre Blätter hoch und geht schlafen. ∎

■ Die fiederteiligen Blätter des Beifuß' sind oben dunkelgrün und unten filzig behaart.

■ Zurückgebogener Fuchsschwanz

Staubfänger gesucht

„Typisch Berlin – wild eben", „Sieht räudig aus, wie ein Straßenköter", „Es erinnert an einen Feldweg." So äußerten sich Passanten zu der wilden Vegetation auf dem Mittelstreifen der Warschauer Straße. 2009 hatten angehende Landschaftsplaner und Stadtökologen hier 230 Anwohner befragt.

Das unerwartete Ergebnis: Die Hälfte von ihnen zog gepflegte Blumenrabatten vor, während die andere Hälfte das spontan wachsende Grün schöner fand. Mit der Aktion begann ein Forschungsprojekt der Technischen Universität, und keiner ahnte damals, wie aktuell die Ergebnisse heute sind.

Berlin hat mit rund 5.300 Kilometern ein dichtes Netz von Straßen. An vielen ziehen sich Grünstreifen entlang, gibt es Blumenrabatten. Doch das kostet Millionen und ist von den Grünflächenämtern kaum zu schaffen. Sollte man da nicht einfach mehr Flächen der Natur überlassen? Und kann dadurch, ähnlich wie durch die Pflasterritzen, sogar die Berliner Luft verbessert werden?

■ Die Schafgarbe ist ein guter Staubfänger.

Zwölf Versuchsflächen wurden in der Stadt angelegt wie in der Karl-Marx-Allee. Hier tobt der Verkehr. Täglich 60.000 Autos rasen vorbei, hinterlassen lebensgefährliche Stickoxide und Feinstäube, wie z.B. Dieselruß. Auf einer kleinen Fläche auf dem ansonsten gemähten Rasen des Mittelstreifens pflanzten die jungen Forscher an, was von allein hier wachsen würde: Loesels Rauke, Graukresse, Hirtentäschel, Spitzwegerich, Mäusegerste und vieles andere. Jede Pflanze hat eine andere Oberflächenstruktur, und die Wissenschaftler untersuchten vor allem deren ganz besondere Fähigkeit als „Staubfänger".

■ Forscherinnen am Untersuchungsgebiet in der Karl-Marx-Allee

Messungen vor Ort und Analysen im Labor zeigten: Die giftigen Schadstoffe aus dem Verkehr lagern sich – ähnlich wie bei Bäumen – auf ihren Blättern ab, wirbeln dadurch nicht wieder auf. Regen wäscht sie ab und sie werden im Boden festgesetzt. Vor allem krautige Pflanzen mit strukturreichen, großen Blattflächen können Staub und Gase besonders gut binden. Beifuß und Gänsefuß, Schafgarbe und Löwenzahn gehören dazu.

Und noch etwas. Die wilde, spontane Vegetation ist meist vielfältiger und artenreicher als gepflanzte Blumenrabatten, besser an die extremen Lebensbedingungen angepasst und ausgesprochen kostengünstig.

Doch ob wild oder gepflanzt – ohne Stadtnatur keine saubere Luft! Für das spanische Barcelona bilanzierten Experten, dass durch sie jährlich 166 Tonnen Feinstaub gebunden werden, rund ein Fünftel der Staubemissionen. Eine Ökosystemleistung, die einem monetären Nutzen von 1,1 Millionen US-Dollar entspricht. Auch wenn es ähnliche Berechnungen für Berlin nicht gibt, warum sollte es hier anders sein? ■

22 Ambrosien · Laubholz-Mistel

Die Unerwünschten

■ Beifußblättrige Ambrosie

Bis in den Juni hinein sind die Pflänzchen harmlos und nett anzuschauen. Doch dann, noch vor der Blüte, ehe sie ihre allergieauslösenden Pollen umherschleudern, sollten die Ambrosien verschwinden. Ganz archaisch, per Hand oder Spaten, ist den Plagegeistern am wirksamsten beizukommen: Rausreißen und ab in den Hausmüll! Denn der wird verbrannt.

Alles Mögliche wird erprobt im Sommer 2018, als im Wissenschafts- und Technologiepark Adlershof regelrechte Ambrosia-Plantagen heranwachsen. Das Abmähen mit Maschinen hilft nur kurzzeitig, die **Stauden-Ambrosie** schlägt schnell wieder aus und blüht erneut. Mehrmals im Jahr, bis in den Oktober hinein. Also muss auch mehrmals gemäht werden. Die Flächen mit Folie abdecken? Die Wurzeln durch Hitze abtöten? Durch Elektroschläge, die wie Blitze in den Boden schießen und die Pflanzen in den Ritzen zwischen Gehwegplatten vernichten? Ein Pilotprojekt sucht nach Machbarem. Das Allersimpelste und Allerbeste, nämlich die ganze Pflanze raus aus der Erde, geht nicht überall, wie bei den zigtausenden Exemplaren hier in Adlershof.

Schon in den 1970er Jahren gab es Ambrosia-Meldungen vom Adlergestell. Später soll es große Bestände auf dem Flugfeld Johannisthal gegeben haben und auf Aufforstungsflächen in der Königsheide. Bei Kartierungsarbeiten dann, kurz nach der Wende, sahen Fachleute die Massenausbreitung schon weise voraus. Inzwischen ist vieles zugebaut, eine Wissenschafts-Stadt entstanden und ein Ensemble moderner Wohnsiedlungen. Doch *Ambrosia psilostachya* hat sich nicht vertreiben lassen, mit dem Bauen wurden die Wurzelstücken im Boden wohl nur noch weiter verteilt.

Im Juni 2019 rücken zwei Männer in der Newtonstraße den so unschuldig Aussehenden mit Schaufel und Eimer zu Leibe. Noch brauchen sie keine Feinstaubmaske, die Pollen bilden sich erst später. Mühsam ist die Arbeit, aber ob sie wirklich hilft? Große Grünflächen gibt es hier, an deren Rändern die Stauden-Ambrosie offensichtlich sehr gerne lebt. Die Wurzel muss mit

■ Männlicher Blütenstand der hochallergenen Beifuß-Ambrosie

■ Echte Handarbeit: Pflanze für Pflanze wird ausgestochen mitsamt der Wurzel.

Die Unerwünschten

Gemeldete Funde, möglichst mit Foto, landen im Berliner Ambrosia-Atlas: https://ambrosia.met.fu-berlin.de
Genauere Infos beim Pflanzenschutzamt:
www.berlin.de/senuvk/pflanzenschutz/ambrosia/index.shtml

raus, erklären die Männer der Firma „Die HaugärtnerInnen" neugierigen Bewohnern und verteilen den druckfrischen Flyer von Senatsverwaltung und Pflanzenschutzamt. Denn jeder kann selbst was um sein Haus herum tun.

Adlershof ist der Kulminationspunkt einer fast hundertjährigen Entwicklung. Seit 1927 tauchte die Stauden-Ambrosie immer mal wieder und noch unbeständig in Berlin auf. Spätestens ab 1970 galt sie in Westberlin als etabliert. Stand als gefährdet in der Westberliner Roten Liste von 1981 und wurde 10 Jahre später sogar als stark gefährdet eingestuft. Nach der Wende dann wurde dieser Gefährdungsgrad in den Gesamtberliner Roten Listen wieder gelöscht, wegen der großen Vorkommen in Treptow-Köpenick und der absehbaren Tendenzen zur Ausbreitung.

■ Stauden-Ambrosie in Adlershofer Pflasterritze

■ Stauden-Ambrosie
- gelbliche Blüten in nickenden Blütenkörbchen am Stängel
- Stängel grün und behaart
- Blattunterseite behaart und mattgrün
- die nächsten zwei Blätter stehen je um 90 Grad gedreht gegenüber (kreuzgegenständig)
- zwei Blätter stehen am Stängel gegenüber (gegenständig)

■ Beifußblättrige Ambrosie
- ährenähnlicher Blütenstand mit unscheinbar gelb-grünlichen Blüten
- Blattober- **und** Blattunterseite hellgrün
- Stängel abstehend und fein behaart
- Blätter stehen gegenständig/kreuzgegenständig am Stängel
- Stängel grün und bei intensiver Sonneneinstrahlung rot

Was aber ist die Stauden-Ambrosie gegen eine andere, die **Beifußblättrige Ambrosie**, *Ambrosia artemisiifolia*. Ihre Pollen sind viel gefährlicher für uns, sie besitzen das hierzulande stärkste Pollenallergen. Eine einzige Pflanze kann bis zu einer Million Pollen produzieren. Und dann die Samen: Sie gehören zu den hartnäckigsten im Pflanzenreich, bleiben bis zu 40 Jahre keimfähig. Sind die Samen also erstmal in der Welt, können sie ein halbes Menschenleben lang auf gute Wachstumschancen warten.

Der Mensch selbst war mit „schuld" an ihrer Verbreitung. Wenn er den Vögeln Futter hinstreute, waren oft Ambrosia-Samen dabei. Die Körnchen hatten sich zwischen die Sonnenblumenkerne geschmuggelt. Kein Wunder: Sonnenblumenfelder sind einer der Lieblingsplätze der Ambrosien, die Korbblütler sind eng verwandt. Seit 2011 begrenzt eine EU-Verordnung den Anteil der „bösen" Samen im Vogelfutter beträchtlich.

2009 startete Berlin ein Aktionsprogramm. Ambrosia-Scouts wurden auf die

Pflanzen angesetzt, Langzeit-Arbeitslose, die den Hochallergenen in verschiedenen Stadtbezirken gezielt zu Leibe rückten. Die Beifußblättrige ist leichter zu bekämpfen als die Stauden-Ambrosie. Sie stirbt ab, wenn es Frost gibt. Dann sind „nur noch" ihre langlebigen Samen in der Welt. Einmal vor der Blütezeit rausgezogen – ist die Pflanze weg. Leider sind auch die Scouts wieder weg, ihre Arbeit wurde auf Dauer zu teuer. Doch sie hatte einigen Erfolg: Beifuß-Traubenkräuter sind weit weniger geworden in der Stadt – wohl auch wegen der neuen Vogelfutter-Richtlinie.

Und nun Adlershof, die Invasion. Jetzt wird's wirklich teuer. 300.000 Euro ist der Stadt ein 2-jähriges Bekämpfungsprogramm wert, mit Kartierung, Beseitigung, Information, Pollen-Monitoring. Denn die mehrjährige Stauden-Ambrosie ist ein echter Ernstfall. Sie vermehrt sich über ihre Wurzeln, die immer wieder Sprosse bilden. Mal sehen, wie der Kampf ausgeht...

Die Traubenkräuter, wie Ambrosien auch heißen, sind Nordamerikaner, eingeschleppt nach Europa seit dem 19. Jahrhundert. Nach dem 2. Weltkrieg zum Beispiel mit Getreidevorräten der amerikanischen Armee.

Tieflagen unter 400 Metern und reichlich Sommerniederschläge – die Vorlieben der Ambrosien waren in Südosteuropa, Italien und Südfrankreich anfangs am besten erfüllt. Mit der Klimaerwärmung finden sie immer neue passende Gebiete. In manchen Ländern scheint der Kampf gegen die Pollenschleudern fast verloren.

Vehementer als alle anderen Neubürger werden sie bekämpft. Wohl deshalb, weil wir Menschen selbst unter ihrem Hiersein leiden – während andere Neophyten „nur" die heimischen Pflanzen verdrängen.

Der Name Mistel kommt von Mist, weil die Samen mit Vogelmist verbreitet werden. Die alten Germanen glaubten, die Misteln seien vom Himmel gefallen, die Götter hätten sie in die Baumkronen gestreut. Auch die Gallier verehrten sie.

So hoch oben thronen sie in den Robinien vor der St. Matthäi-Kirche am Kulturforum, dass keiner rankommt, sonst wären die **Laubholz-Misteln** wohl weg. Denn der Brauch hält sich tapfer über die Jahrhunderte: Ein Kuss unter einem Mistelzweig bringt Glück. Ein schöner Schmuck sind sie außerdem, mit den weißen, kugeligen Früchten, die erst gegen Weihnachten reifen, und den lederartigen Blättern, die auch im Winter grün bleiben. Doch nicht, weil sie sich vor dem Abschneiden fürchten, wohnen die Misteln im Obergeschoss der Bäume, sondern weil es dort am meisten Licht gibt für das Keimen der Samen.

2008 ging ein kurzzeitiges Grummeln durch die Fachwelt: Die grünen Perücken der Laubholz-Misteln müssten verschwinden. Denn sie könnten todbringenden Folgen für 20. bis 40.000

■ Die Wurzeln der Mistel bohren sich in den Wirtsbaum.

Bäume haben. Eine Epidemie gäbe es in Berlin, ein Programm wäre nötig zum Schutz der Bäume vor dem Parasiten. Der „Mistel-Aufstand" einiger Biologen im Jahre 2008 beruhigte sich schnell wieder. Denn das Land sah das gelassener, hat untersucht und festgestellt: *Viscum album* nimmt tatsächlich zu. Aber dass ein Baum ausschließlich durch den halbschmarotzenden Untermieter stirbt, dafür gibt es bisher in Berlin keinen Beweis. Halbschmarotzer heißt, die Pflanze holt Wasser und Nährsalze vom Wirt, aber ihre Blätter betreiben selbst Fotosynthese. Und falls der Untermieter mal zu unverschämt ist, werden die mistelbesetzten Äste eben abgesägt – damit der Baum wieder freier atmen kann und vitaler wird.

Vor allem an Birken, Pappeln und Robinien setzen sich die Glücksbringer fest. Die Vögel laben sich, vor allem im Winter, gern an den Beeren. Ihr Fruchtfleisch ist so klebrig, dass es an den Schnäbeln festpappt. So fliegt der Samen mit Mönchsgrasmücke und Seidenschwanz auf andere Bäume und wird dort „angeleimt", denn die Vögel wollen nach dem Schmaus die lästige Klebemasse wieder loswerden. Oder der harte, unverdauliche Samen landet, wie bei der Misteldrossel, im Vogelkot auf neuen Ästen. Für Obstbäume wie Apfel und Eberesche ist der „Mistelbefall" problematischer: Er vermindert das Wachstum und kann zum Absterben führen. Da hilft nur regelmäßige Pflege.

Die Riesenkugeln neben der Neuen Nationalgalerie werden bald verschwinden. Ihr Zuhause, die markante Robiniengruppe, muss fallen, um Platz zu machen für den großen Museums-Umbau. ∎

■ Die Mistel ist deutschlandweit auf dem Vormarsch. In der Stadt eher ein kugeliger „Hingucker", wird sie für Obstbäume immer mehr zum Problem.

Pollen – „reizende" Nachbarn

Am 23. Februar 2019 ist für die Mitarbeiter des Meteorologischen Instituts der Freien Universität zunächst alles Routine. Wie immer, mehrmals die Woche, steigen sie mittags aufs Dach ihres Dienstgebäudes in Berlin-Steglitz und öffnen ein rundes, unscheinbares Gerät. Es saugt zehn Liter Luft pro Minute an, auch kleinste Partikel gelangen ins Innere. Eine Falle für Pollen! Doch als sie die unter dem Mikroskop identifizieren, erleben sie eine schockierende Überraschung.

2.840 Erlenpollen pro Kubikmeter Luft zählen sie. So viel wie nie zuvor! Schon in den letzten Tagen hatten sie eine Zunahme registriert. „Doch mit diesem explosionsartigen Sprung hatten wir nicht gerechnet", sagt der Meteorologe Thomas Dümmel. In der Vergangenheit seien Spitzenwerte von 300 bis 400 Erlenpollen pro Kubikmeter üblich gewesen. Verantwortlich dafür sind die immer milderen Winter, im Februar lag

■ Öffnen einer Pollenfalle

die Mitteltemperatur sogar um 4 Grad höher als normal. Auch fehlen Niederschläge, die normalerweise die Blütenpollen der Erlen auswaschen. Das hat zu einer schnellen, nahezu synchronen Kätzchenausreifung nicht nur regional, sondern in ganz Deutschland geführt. „Der Klimawandel", so Thomas Dümmel, „ist längst angekommen."

Seit 1985 laufen die Messungen an der FU. Und sie offenbaren noch andere alarmierende Fakten. So verschob sich der Blühbeginn der Berliner Birke in diesem Zeitraum um zwei Wochen nach vorn. Und die Birke blüht nicht nur früher, sondern auch länger – ganze zehn Tage sind es im Schnitt.

Eigentlich sind nur sieben Pollentypen, also Blütenstaub von männlichen Pflanzen, für die meisten Allergiker gefährlich. Neben Birke, Erle und Haselnuss sind es Gräser, Roggen, Beifuß und Ambrosia. Allen gemeinsam ist – sie sind windbestäubt und ihre Pollen sehr leicht. Jedes Lüftchen transportiert sie über weite Strecken. Damit ist die Wahrscheinlichkeit, dass sie auf Allergiker treffen, sehr hoch.

Mit der spät blühenden Ambrosia verlängern sich zudem die Leiden bis in den Oktober, sodass es kaum noch einen

Rund eine Million Allergiker leben in der Hauptstadt.

Hier können Sie erfahren, wann und wo welche Pollen fliegen:

www.met.fu-berlin./de/polleninfo

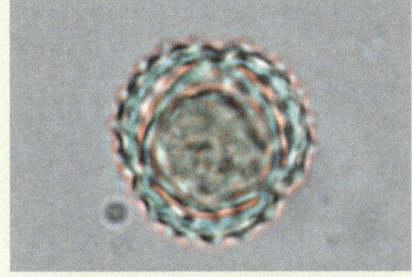

■ Lichtmikroskopische Aufnahme des hochallergenen Pollenkorns der Beifußblättrigen Ambrosie (Größe 18–20 µm)

pollenfreien Monat gibt. Zudem besitzt die Beifuß-Ambrosia das europaweit stärkste Allergen. Schon 10 Pollen reichen, um Reizungen von Augen, Nase, Bronchien und der Haut auszulösen. ■

Pflanzenregister

A
Acker-Filzkraut 115
Aegopodium podagraria 46
Ailanthus altissima 29
Alnus glutinosa 10
Amaranthus retroflexus 126
Ambrosia artemisiifolia 130
Ambrosia psilostachya 129
Aristolochia clematitis 22
Armeria elongata 79
Armleuchteralgen 12
Artemisia vulgaris 125
Asplenium ruta-muraria 17
Asplenium trichomanes 17

B
Beifuß 125
Beifußblättrige Ambrosie 130
Bellis perennis 120
Bittersüßer Nachtschatten 112
Blutweiderich 11
Braunstieliger Streifenfarn 17
Breit-Wegerich 95
Brennnessel 51
Buddleja davidii 68

C
Calamagrostis epigejos 60
Caltha palustris 12
Cannabis ruderalis 109
Carlina vulgaris 84
Chaenorhinum minus 90
Charophyceae 12
Chelidonium majus 24
Chenopodium bonus-henricus 73
Cichorium intybus 123
Clematis vitalba 60
Corispermum leptopterum 37
Cymbalaria muralis 15

D
Datura stramonium 110
Daucus carota 58
Diplotaxis tenuifolia 67
Dorniger Schildfarn 74
Drüsiges Springkraut 32
Dysphania botrys 55

E
Echium vulgare 57
Echtes Johanniskraut 89
Echter Wein 64
Efeu 25
Eragrostis minor 67

F
Filago 115
Franzosenkraut 45
Fuchsschwanz 126

G
Galinsoga parviflora 45
Gänseblümchen 120
Geranium robertianum 90
Giersch 46
Girasole articiocco 52
Golddistel 83
Götterbaum 29
Gottesanbeterin 68
Gottes-Gnadenkraut 71
Grasnelke 79
Gratiola officinalis 71
Graue Skabiose 78
Guter Heinrich 73

H
Hanf 109
Hedera helix 26
Helichrysum arenarium 116
Hordeum murinum 124
Huflattich 124
Humulus lupulus 64
Hunds-Rose 102
Hypericum perforatum 89

I
Impatiens glandulifera 32
Iris pseudacorus 12
Iva xanthiifolia 37

K
Kanadische Goldrute 59
Klebriger Gänsefuß 55
Kleines Liebesgras 67
Kleine Wasserlinse 10
Kleiner Orant 90
Knabenkraut 80
Kompass-Lattich 41
Königskerze 21

L
Lactuca serriola 41
Land-Reitgras 59
Laubholz-Mistel 131
Leinkraut 124
Leontodon hispidus subsp. hispidus 85
Lemna minor 10
Liegender Ehrenpreis 83
Linaria vulgaris 125
Loesels Rauke 49
Löwenzahn 98
Lythrum salicaria 11

M
Malva sylvestris 104
Mantis religiosa 68
Mauerpfeffer 105
Mauerraute 17
Mäusegerste 124
Melilotus albus 58
Melilotus officinalis 58

N
Nachtkerze 50
Natternkopf 57

O
Oenothera biennis 50
Ohrlöffel-Leimkraut 85
Orchis 80
Osterluzei 22

P
Parietaria pensylvanica 42
Parlament der Bäume 106
Parthenocissus quinquefolia 64
Parthenocissus tricuspidata 64
Pennsylvanisches Glaskraut 42
Plantago lanceolata 96
Plantago major 95
Polystichum aculeatum 74
Portulaca oleracea 46
Portulak 46
Potentilla alba 80
Pulsatilla pratensis
    subsp. *nigricans* 78

R
Rainfarn 58
Rauer Löwenzahn 85
Robinia pseudoacacia 31
Robinie 31
Rosa canina 103
Rucola 67
Ruprechtskraut 90

S
Salsola tragus 38
Salvia nemorosa 101
Salzkraut 38
Sand-Strohblume 116
Saponaria officinalis 91
Scabiosa canescens 78
Schmalblättriges Greiskraut 35
Schöllkraut 24
Schwärzliche Wiesen-
    Küchenschelle 77
Schwarz-Erle 9
Sedum acre 105
Seifenkraut 91
Senecio inaequidens 35
Sisymbrium altissimum 49
Solanum dulcamara 112
Solidago canadensis 59
Sommerflieder 68
Spitzklettenblättriges
    Schlagkraut 37
Spitz-Wegerich 96
Stauden-Ambrosie 129
Stechapfel 110
Steinklee 58
Steppen-Salbei 101
Sumpfdotterblumen 11
Sumpf-Schwertlilie 12

T
Tanacetum vulgar 58
Taraxacum officinale 98
Topinambur 52
Trifolium repens 119
Tussilago farfara 124

U
Ungarische Rauke 49
Urtica dioica 51

V
Verbascum densiflorum 22
Veronica prostrata 84
Viscum album 132
Vitis vinifera 64

W
Waldrebe 60
Wanzensame 37
Wegwarte 123
Weißes Fingerkraut 80
Weiß-Klee 119
Wilde Malve 103
Wilde Möhre 58
Wilder Hopfen 63
Wilder Wein 64

Z
Zimbelkraut 15

Wir danken:
Anika Dreilich, Thomas Dümmel, Stephan Herbarth,
Achim Holtmann, Prof. Dr. Ingo Kowarik, Bernd Machatzi,
Dr. Frank Pietsch, Dr. Birgit Seitz, Dr. Elke Zippel

Impressum

Berliner Pflanzen.
Das wilde Grün der Großstadt
© Juli 2019
Erschienen bei Edition Terra, einer Marke
der terra press GmbH

Alle Rechte vorbehalten. Dieses Werk sowie seine einzelnen Teile sind urheberrechtlich geschützt. Jede Verwertung in anderen als den gesetzlich zugelassenen Fällen ist ohne vorherige Zustimmung des Verlages nicht zulässig.

terra press GmbH
Albrechtstr. 18, 10117 Berlin
www.terra-press.de
ISBN 978-3-942917-47-6

Gestaltung, Karte, Lektorat:
terra press GmbH

Bibliografische Information der Deutschen Bibliothek: Die Deutsche Bibliothek verzeichnet diese Publikation in der Deutschen Nationalbibliografie; detaillierte bibliografische Daten sind im Internet unter portal.dnb.de abrufbar.

Druck: DruckteamBerlin
Dieses Buch wurde auf FSC®-zertifiziertem Papier gedruckt. FSC® (Forest Stewardship Council®) ist eine nichtstaatliche, gemeinnützige Organisation, die sich für eine ökologische und sozialverantwortliche Nutzung der Wälder unserer Erde einsetzt.

Fotos:
terra press GmbH S. 9 links, 10 unten, 15 links, 21 beide, 26 unten, 29 links, 40, 41 unten, 50 unten, 51 unten, 52 links, 60 unten, 63 oben, 64 oben 3x, 66, 67 oben links, 68 unten, 89 oben links, 98 links, 109 oben links, 112 oben rechts, 119 oben links
Siegfried Bergmann S. 15 unten, 23 rechts beide, 31 unten beide, 38 oben, unten links, 42 unten rechts, 45 oben links, 49 oben links, unten rechts, 50 oben, 55 oben links, 68 oben, 71 links, rechts oben, 72 oben, 90 unten rechts, 112 oben links, 115 beide, 117 rechts, 123 oben links, 124 links 3x
Henning Vierck S. 22 oben rechts

Nikunja S. 24 unten, Klappe vorn
bpk – Bildarchiv Preußischer Kulturbesitz S. 27, 39
Pixabay S. 33 unten links, 110 oben rechts, 111 oben rechts
Birgit Seitz S. 43
Arne Mensching S. 47
Bundesarchiv Heinscher/183-S74992 S. 53
Prof. Dr. Otto Wilhelm Thomé 1885, Gera, Germany Permission granted to use under GFDL by Kurt Stueber Source: biolib.de S. 73
shutterstock Natalia van D S. 74 links
Birgit Seitz S. 75 Karte
Anika Dreilich S. 76, 83 rechts 2x, 85 unten
Justus Meißner S. 77 oben, 79 beide, 80 unten 3x, 81 Karte, 84 oben
Elke Zippel S. 78 beide
Michael Burkart S. 83 oben, 84 links mitte
Neeltje Schilling S. 87
Berlin Grün/Holger Koppatsch S. 93 links
Thomas Nehls S. 99 oben
Botanischer Verein S. 117 links
Dr. Rita Lüder – kreativpinsel.de S. 130 beide Zeichnungen
Berliner Aktionsprogramm gegen Ambrosia S. 133 beide

alle übrigen: **Heiderose Häsler**